高等职业教育"十三五"规划教材

网站建设案例教程

曹玉婵　丁丽英　左映龙　主编

中国铁道出版社有限公司
CHINA RAILWAY PUBLISHING HOUSE CO., LTD.

内 容 简 介

本书以工作过程为向导，以典型工作任务为基点，综合理论知识、操作技能和职业素养为一体，全面系统地讲解了网页设计与制作的相关知识。全书共 14 个项目，分别为网页设计基础知识、Dreamweaver CC 基础、页面与文本、图像和多媒体、超链接、表格、CSS 样式、CSS+DIV 布局、行为、模板、HTML5、表单、动态网页技术及综合实训等内容。

本书以知识体系的构建为线索，以课堂案例为载体，通过知识讲解和案例实际操作，帮助学生快速掌握网页创意、设计和制作的方法技巧。项目拓展帮助学生巩固和扩展相关的知识和技能，实训帮助学生理解和掌握网站制作的方法和流程。

本书适合作为高职院校计算机专业网页设计课程的教材，也可以作为网页设计培训教材或参考书。

图书在版编目（CIP）数据

网站建设案例教程/曹玉婵，丁丽英，左映龙主编.—北京：
中国铁道出版社有限公司，2019.12
高等职业教育"十三五"规划教材
ISBN 978-7-113-26477-2

Ⅰ.①网… Ⅱ.①曹… ②丁… ③左… Ⅲ.①网站建设-
高等职业教育-教材 Ⅳ.①TP393.092.1

中国版本图书馆 CIP 数据核字（2019）第 266640 号

书　　名：网站建设案例教程	
作　　者：曹玉婵　丁丽英　左映龙	

策　　划：潘星泉	读者热线：010-63589185 转 2052
责任编辑：潘星泉　李学敏	
封面设计：刘　颖	
责任校对：张玉华	
责任印制：郭向伟	

出版发行：中国铁道出版社有限公司（100054，北京市西城区右安门西街 8 号）
网　　址：http://www.tdpress.com/51eds/
印　　刷：三河市宏盛印务有限公司
版　　次：2019 年 12 月第 1 版　2019 年 12 月第 1 次印刷
开　　本：787 mm×1 092 mm　1/16　印张：12　字数：285 千
书　　号：ISBN 978-7-113-26477-2
定　　价：35.00 元

前　言

随着互联网的普及以及电子商务的兴起，网站已经成为企业宣传推广产品及商品交易的一种重要手段。设计精美、架构合理的网站对于提高企业的知名度、树立企业形象有着至关重要的作用。所以，开发设计网站及后期运行维护已经成为企业运营的一部分，具有非常好的发展前景。

网站开发过程涉及的知识非常多，要在短时间内完全掌握几乎是不可能的。但是，作为一个合格的前端开发人员，必须对这些知识有所了解，掌握其中的重要部分，例如 HTML语言、Dreamweaver、Photoshop、样式表、脚本语言等，并至少掌握一种程序设计语言及数据库管理系统。

学习网页制作，仅靠单一工具和一点语言基础是不够的，实战是巩固网站开发最重要的一环。本书除技术讲解较为基础之外，案例实践非常贴近实际的网站开发。读者通过学习本书，将会对网站开发所涉及的技术有一个比较全面的了解，基本上可胜任一般的网站开发任务，为今后进一步提高开发水平打下坚实的基础。

本书具有以下特色：

1．内容系统全面

本书力求成为网站开发人员的入门教程，因此，系统全面是本书最重要的特点之一。本书在编排上本着从入门到提高、从精通到实战的原则，将知识点根据难易程度以及在实际工作中应用的先后顺序进行安排，读者在学习的过程中可以有针对性地选择学习内容。

2．由浅入深，快速入门，轻松理解重点难点

本书从基本的网站建设常识及基础的 HTML 语言讲起，逐步介绍各类常见软件的使用方法及程序设计语言。同时，每个项目都本着"学生好学，教师好教，企业需要"的原则，通过大量案例，深入浅出地讲解网站开发中的重难点、易错点，使读者每学完一个项目都能有所收获。

3．精选最新的技术，打造最核心的技能

由于网站开发涉及的技术非常多，因此很多读者在学习时会感到无从下手。本书紧扣开发这个主题，精选当前最新的技术、最核心的技能，按照不同的应用层面进行分拆、讲解，以帮助读者逐个了解并掌握各种技术的基础应用。

4．与企业结合，提供最真实的案例教学

本书中的案例都是企业现在正在做的案例，真实、紧跟时代潮流。本书编者长期从事网页设计与制作相关课程的一线教学工作，承担过多个商业网站的开发设计和维护任务。编者以就业为目标，以真实的企业项目为主线，将实际案例和自己的设计经验进行总结，建构了一套系统的、知识点之间相互联系的网页设计项目化的实践体系。对学生能力进行全方

位的培养，能够适应现代企业对员工高技能的要求。本书采用项目教学法，辅助实训项目，能激发学生的学习兴趣，提高学生的技能，增强所学技能的实用性，提高学生的综合素质。

本书由曹玉婵、丁丽英、左映龙任主编。

由于编者能力有限、时间仓促，不足之处在所难免，欢迎广大读者批评指正。本书素材资源请联系编者获取，联系方式：health22@qq.com。

编　者
2019 年 3 月

目　　录

项目 1 Dreamweaver CC 基础知识

学习目标

（1）了解网页的分类和网页中的基本元素。

（2）了解 Dreamweaver CC 的新功能。

（3）掌握 Dreamweaver CC 的工作界面和界面名称。

任务 1 熟悉网页的概念

学习网页制作，首先要了解网页中的一些基本概念，如互联网、网页和 HTML 等。本任务将介绍网页制作中的一些基本概念，从而帮助读者为后面设计更复杂的网页打下良好的基础。

1. 什么是互联网

互联网也称 Internet，其基础是 20 世纪 70 年代发展起来的计算机网络群，如今已越来越成为人们生活中的一部分。

Internet 是一个很庞大的网络，它是将以往相互独立的、散落在各个地方的单独的计算机或是相对独立的计算机局域网，借助已经发展得有相当规模的电信网络，通过一定的通信协议实现的更高层次的互连，互联网结构示意图如图 1-1 所示。在互联网中，一些较大规模的服务器通过高速的主干网络相连，而一些较小规模的网络则通过众多的支干与这些巨型服务器连接，这些连接中包括物理连接和软件连接。所谓物理连接，就是各主机之间的连接利用常规电话线、高速数据线、卫星、微波和光纤各种通信手段。软件连接则能够使得全球网络中的计算机使用同一种语言进行交流。

Internet 不仅是一个计算机网络，更是一个庞大、可共享的信息源。世界各地不同的人可以用 Internet 相互通信和共享信息资源；可以发送或接收电子邮件信息；可以与别人建立联系并互相索取信息；可以参加各种专题小组讨论；可以免费享用大量的信息资源和软件资源。

2. 什么是网页

网页是由 HTML（超文本标记语言）或者其他语言编写的、通过 IE 浏览器编译后供用户获取信息的页面，又称为 Web 页，其中有文字、图像、表格、动画和超链接（也称超链接）等各种网页元素，网页示例如图 1-2 所示。

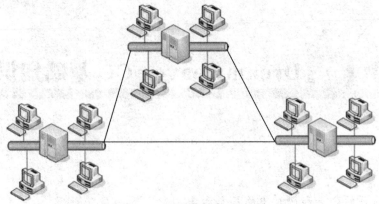

图 1-1　互联网结构示意图

图 1-2　网页

网页包括静态网页和动态网页。静态网页是指客户端浏览器发送 URL（统一资源定位符）请求给 WWW 服务器，服务器查找需要的超文本文件，不加处理直接返回给客户端，在客户端浏览器显示的页面是由网页设计率先制作完成放在服务器上的网页，如图 1-3 所示。静态网页用户基本上不能参与，只是网站页面的静态发布。

如今 Internet 上常见的计数器、讨论区 BBS、校友录、网上购物等服务都必须得到动态网页技术的支持。

动态网页技术根据程序运行的地点不

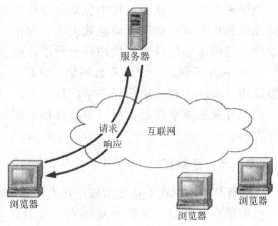

图 1-3　静态网页

同，又分为客户端动态技术和服务器端动态技术。动态网页一般涉及数据库操作，例如注册、登录、查询、购物等，都需要设计强大的服务器端动态程序，并考虑各种可能出现的出错情况，以保证网站的交互性和安全性。典型的服务器端动态技术包括 ASP、PHP、JSP、CGI 等。

（1）浏览器主要有两个功能：

① 向用户提供友好的使用界面。

② 将用户查询的请求传送给相应的服务器进行处理，当服务器接到来自某一客户机的请求后，就进行查询并将得到的数据送回客户机，再由浏览器将这些数据转换成相应的形式（如文字、图像、动画、声音等）显示给用户。

（2）客户机与服务器之间使用 HTTP 协议传送信息。

（3）服务器的基本信息单位称作网页，由 HTML 写成。

（4）常用术语有：

① HTTP（超文本传送协议）：浏览器与服务器之间相互通信的协议。当用户激活一个链接后，服务器使用 HTTP 协议送回约定好格式的文件，文件信息在客户机上通过浏览器显示相应信息。

② URL：指定 Internet 文件或服务地址。

③ HTML：是 Web 上的"普通话"，用于生成 Web 页面。

3．什么是 HTML

HTML 是英文 HyperText Markup Language 的缩写，中文译作"超文本标记语言"，用它编写的文件的扩展名是.html 或.htm，这些是可供浏览器浏览的文件格式。超文本是一种组织信息的方式。它通过超链接的方式将文本中的文字、图表与其他信息媒体相关联。这些相互关联的信息媒体可能在同一文本中，也可能分布于多个文本中，哪怕甚至是存在于地理位置较远的计算机上的文件中。这种组织信息方式将分布在不同位置的信息资源用随机方式进行连接，为人们查找、检索信息提供方便。图 1-4 所示为网页中的 HTML 语句。

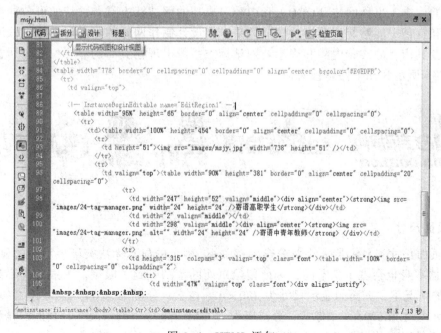

图 1-4　HTML 语句

任务 2　熟悉网页的基本要素

不同类型网站的网页元素不同，一般网页的基本要素包括：页面标题、网站标志、页面尺寸、页眉和页脚、导航栏、文本和图片，以及多媒体等，下面就来介绍网页的基本构成元素。

1．页面标题

网站中的每一个页面都有标题，用来提示该页面的主要内容。标题出现在浏览器的标题栏中，而不是出现在页面布局中。它还有一个比较重要的作用就是让浏览者清楚地知道所要浏览网站的内容，不至于迷失方向。

设置网页标题很简单，一般的网页编辑软件都提供这项设置。在 HTML 文档中<title>和</title>之间输入网页的标题即可。有些网页编辑软件有默认的页面标题，如在 Dreamweaver 中默认为 Untitled-1，而在 FrontPage 中则默认为 new_page_1.htm。

如在 HTML 文档中<title>和</title>之间输入"第一个网页设计"，那么浏览器标题栏的显示如图 1-5 所示。

图 1-5　浏览器标题栏

2．网站标志

网站作为对外交流的重要窗口和渠道，设计者都会利用它来对自身形象进行宣传。成功的网站就像成功的商品一样，成功的商品注重的是商标和商品质量，而成功的网站应该注重网站的标志（也称网站 LOGO）和内容。成功的网站标志有着独特的形象标识，在网站的推广和宣传中能够起到事半功倍的效果。在设计制作网站的标志时应体现该网站的特色、内容及其内在的文化内涵和理念。网站标志一般出现在页面的显要位置（通常在页眉中）。图 1-6 所示为几个网站标志。

图 1-6　网站标志

3．页面尺寸

由于页面尺寸和显示器大小及分辨率有关系，网页的显示无法突破显示器的显示范围，而且浏览器本身也会占不少空间，因此留给页面的范围受到了限制。一般分辨率为 800×600 像素的情况下，页面的显示尺寸为 780×428 像素；分辨率为 640×480 像素的情况下，页面的显示尺寸为 620×311 像素；分辨率为 1 024×768 像素的情况下，页面的显示尺寸为 1 007×600 像素。从以上数据可以看出，分辨率越高，页面尺寸越大。

4. 页眉和页脚

页眉指的是页面上端的部分。有的页面划分得比较明显，有的页面则没有明确地区分页眉，或者干脆没有页眉。

页眉的风格一般和页面的整体风格保持一致。一个富有个性特色的页眉将和网站标志一样起到标识的作用。由于页眉所处的位置可以吸引浏览者较多的注意力，因此其作用主要是定义页面的主题，如站点的名称多数都显示在页眉里，这样浏览者能很快知道这个站点是什么内容。页眉是整个页面设计的关键，它将牵涉后续更多的设计和整个页面的协调性。在页眉中常含有站点名称的图片、公司标志、网站的宗旨、宣传口号和广告语等，如图 1–7 所示。

个人主页
首 页
我的简历
我的作品
我的教学
随 笔

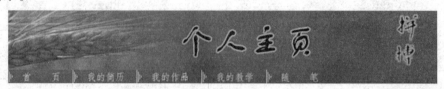

图 1–7　页眉

页脚和页眉相呼应。页眉一般是放置站点主题的位置，而页脚则一般用来放置公司的联系信息。网页中的许多信息都是放置在页脚中的，如图 1–8 所示。

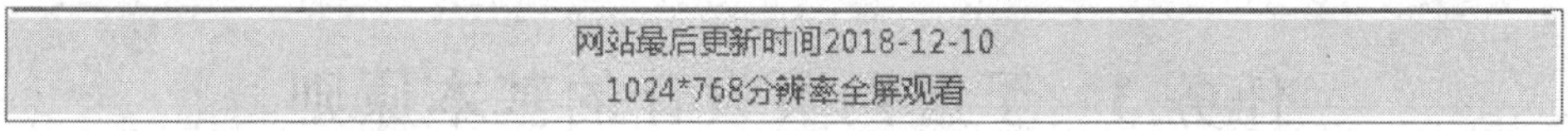
网站最后更新时间2018-12-10
1024*768分辨率全屏观看

图 1–8　页脚

5. 导航栏

导航栏是网页设计中的重要部分，不是整个网站设计中的一个较独立的部分。一般来说，网站中的导航栏在各个页面中出现的位置比较固定，而且风格也较为一致。导航栏的位置对网站的结构与各个页面的整体布局可以起到举足轻重的作用。

导航栏一般有 4 种常见的显示位置：页面的左侧、右侧、顶部和底部。有的网站在同一个页面中运用了多种导航方式，如有的在顶部设置了主菜单，而在页面的左侧又设置了折叠式的菜单，同时又在页面的底部设置了多个超链接，这样便增强了网站的可访问性。当然，导航栏在页面中出现的次数并非越多越好，而是要合理地加以运用，使页面达到总体的协调一致。图 1–9 所示为一个典型的导航栏。

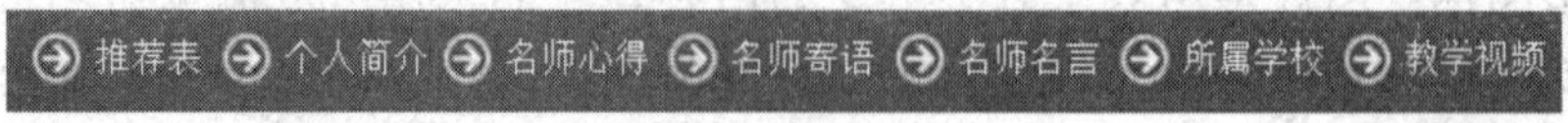
推荐表
个人简介
名师心得
名师寄语
名师名言
所属学校
教学视频

图 1–9　导航栏

6. 多媒体

在网页中可以使用的多媒体对象主要包括 Flash 按钮、Flash 文本、Java 小程序、音频和视频等，应用多媒体对象可以增强浏览者的视觉和听觉感受，使网页的效果更加丰富，表达信息的手段也变得更为动态和立体化。图 1–10 所示为网页中的 Flash 动画。

图 1-10　网页中的 Flash 动画

任务 3　了解网页设计的基本原则

建立网站的目的是为别人提供所需的信息，这样浏览者才会点击，网站才有其实际价值。

（1）整体规划。在制作网页之前，需要先对要制作的网页有一个整体规划，即明确该网页要传达的主要信息是什么，有什么样的整体框架，通过什么方式来实现等。

（2）重视首页。首页设计的优势是网站成功的关键，浏览者往往看到第一页就已经对站点有一个整体的感觉，能否吸引浏览者留在站点上，全凭首页设计的效果。首页最好有很清晰的类别选项，而且设置得尽量人性化，让浏览者可以很快找到需要的主题。

（3）互动操作。网站的另一个特色就是互动。优秀的网站首页必须与浏览者保持良好的互动，包括整个升级感觉、使用界面导引等方面，都应该掌握互动的原则，让浏览者的每一次点击都确实得到适当的回应。这部分需要一些设计上的技巧与软硬件支持。

（4）善用图像。图像是网页中必不可少的内容，它能采用一般浏览器均可支持的压缩图像格式，如果确实要放置大型图像文件，最好将图像文件与网页分开，在首页中线显示一个具有连接功能的缩小文档或一行说明文字，然后加上该图像文件大小的说明，这样不仅加快了网页的传输速度，而且可以让浏览者判断是否继续打开放大后的图像。

（5）及时更新。及时更新网页信息是网络与其他传统媒体相比最大的优势，为了保持这个优势，在网页设计好以后应及时更新上面的内容，以保证随时提供给浏览者最新的资源。

（6）通用网页。全球上网的人数数以亿计，使用的浏览器的种类和版本都不尽相同，因此在制作好网页之后要使用多种浏览器进行测试，以保证绝大多数浏览者能够正常访问每个网页。

任务 4　掌握网页版面的布局

网页的版面布局主要指网站主页的版面布局，其他网页的版面与主页风格保持基本一致即可。为了达到最佳的视觉表现效果，应讲究整体布局的合理性，给浏览者流畅的视觉体验。常见的版面布局有"国"字型、"厂"字型、框架型、封面型和 Flash 型。

1."国"字型布局

"国"字型布局也称为"同"字型布局，是一些大型网站所采用的类型。最上面是网站的标志、广告以及导航栏，接下来是网站的主要内容，左右分别列出一些栏目，中间是主要部分，最下面是网站的一些基本信息，这种结构是一些大中型网站常见的布局方式。这种布局的优点是充分利用版面，信息容量大；缺点是页面显得拥挤，不够灵活。图 1-11 所示为"国"字型布局。

图 1-11　"国"字型布局

2. "厂"字型布局

"厂"字型布局的页面顶部为标志和广告条，下方左侧为主菜单，右侧显示正文信息，整体效果类似厂字，因此称之为"厂"字型布局。这是网页设计中使用广泛的一种布局方式，一般应用于企业网站中的二级页面。这种布局的优点是页面结构清晰、主次分明，是初学者最容易上手的布局方法；缺点是较为呆板，如果色彩搭配不当，很容易让人产生厌烦的感觉。图 1-12 所示的网站采用了"厂"字型布局。

图 1-12 "厂"字型布局

3. 框架型布局

框架型布局一般分成上下或左右布局，一栏是导航栏目，另一栏是正文信息。复杂的框架结构可以将页面分成许多部分，常见的是三栏布局。这种类型结构非常清晰，一目了然。图 1-13 所示的网站采用了框架型布局。

4. 封面型布局

封面型布局主要出现在一些网站的首页，大部分为一些精美的平面设计作品，并结合一些尖端的动画，再加上几个简单的链接，甚至可以直接在首页的图片上做链接而没有任何提示。这种类型大多出现在企业网站和个人主页的首页上，如果处理得好，会给人带来赏心悦目的感觉。图 1-14 所示的网站采用了封面型布局。

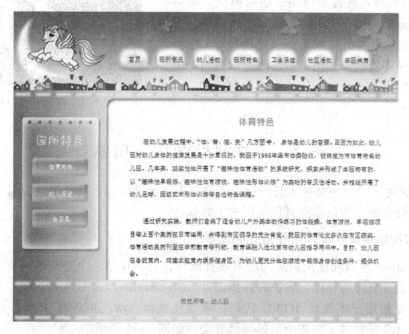

图 1-13　框架型布局

图 1-14　封面型布局

5.Flash 型布局

Flash 型布局跟封面型布局的结构类似，不同的是由于 Flash 强大的功能，页面所传达的信息更丰富。其视觉效果及听觉效果如果处理得好，绝不比传统的多媒体效果差。图 1-15 所示的网站采用了 Flash 型布局。

图 1-15　Flash 型布局

任务 5　了解网页制作常用软件

制作网页时需要使用多种工具，读者不需要对其全部掌握，只需要选择适合自己的工具即可。下面介绍一些制作网页最常用的工具软件。

1.网页编辑排版软件 Dreamweaver CC

Dreamweaver 是目前使用最多的网页设计软件，它不仅是一个专业的网页设计编辑工具，同时也是一个网站管理、维护的最佳工具。Dreamweaver CC 是 Adobe 公司推出的网页制作软件，哪怕用户不编写 HTML 代码，该软件也能自动产生各种 HTML 代码。另外 Dreamweaver CC 还提供了功能全面的编码环境，如图 1-16 所示。

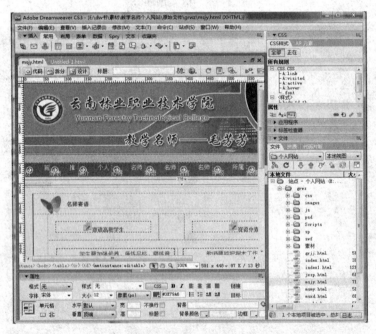

图 1-16　软件界面

2.网页动画制作软件 Flash CC

网页动画制作中最常用的软件非 Flash 莫属。它是一款功能非常强大的交互式矢量多媒体网页制作工具，能够轻松输出各种各样的动画网页，不需要特别复杂的操作，制作的成品也比较小巧精练。Flash 动画已经成为当今网站的重要组成部分，这些美观的动画能够为网页增色不少，从而吸引更多的浏览者。这里需要注意的是，美观的 Flash 动画不仅需要设计者对制作工具非常熟悉，而且更重要的是设计者自身要拥有独特的创意，如图 1-17 所示。

图 1-17　Flash 软件的界面

3. 网页图像设计软件 Photoshop CC

最常用的网页图像处理软件有 Photoshop 和 Fireworks。Photoshop 具有强大的图形图像处理功能，采用开放式结构，能够外挂其他处理软件和图像输出设备。Photoshop 支持多种图像格式以及多种色彩模式，还可以任意调整图像的尺寸、分辨率及画布的大小。使用 Photoshop 可以设计出网页的整体效果图、网页 Logo、网页按钮和网页宣传广告等图像，如图 1-18 所示。

图 1-18　Photoshop 的界面

任务 6　熟悉网页制作的基本流程

设计者在网站建设的初期应该有一个整体的战略规划和目标，规划好网页的大致外观后就可以着手设计了。当整个网站制作测试完成后，就可以将其发布到网上。下面讲述网站建设的基本流程。

1．规划网页内容

规划一个网站，可以用树状结构先把每个页面的内容大纲列出来，明确网页的主体。尤其当要制作一个大型网站的时候，需要把架构规划好，同时也要考虑到以后的扩展性，防止以后再更新网站部分结构时过于复杂。

网站主体是将要建立的网站所要包含的主要内容，即网站必须要有明确的核心内容。设计者要明确网站设计的目的和用户需求，主要针对那些浏览者，为那些用户服务，就需认真规划和分析，并把握准主题。为了做到主题鲜明突出、要点明确，需要按照浏览者的要求，以简单明确的语言和页面体现站点的主体。另外，也要调动一切手段充分表现网站的个性，体现网站的特点，这样才能给浏览者留下深刻的印象。

2．整理素材

明确了网站的主体以后，就要围绕主题开始搜集素材了。要想让自己的网站能够吸引浏览者，就要尽量搜集素材，包括图片、音频、文字和动画等。这些素材可以自己制作，也可以从网上搜集。素材搜集完成后，还需把搜集的素材去粗取精，去伪存真，将挑选出的精品作为自己制作网页的素材。

3．制作网页

网页设计和制作是一个复杂而细致的过程，一定要按照先大后小、先简单后复杂的次序来进行操作。所谓先大后小，是指在制作网页时，先把大的结构设计好，然后逐步完善小的结构设计。所谓先简单后复杂，就是先设计简单的内容，然后再设计复杂的内容，以便出现问题时好修改。

在制作网页时要多灵活运用模板和库，这样可以大大提高制作效率。如果很多网页都使用相同的版面设计，就应为这个版面规划并设计一个模板，然后就可以以此模板为基础创建网页。以后如果想要改变所有网页的版面设计，只需要简单地改变模板即可。

4．测试站点

在完成了对站点中页面的制作后，就可以将其发布到 Internet 上供人们浏览和观赏了。但是在此之前，应该对所创建的站点进行测试。

在对所创建的站点进行上传之前，应该对站点中的文件逐一进行检查，在本地计算机中调试网页以消除包含在其中的错误，从而力争在站点正式发布之前解决问题。

在测试站点过程中应该注意以下几方面的问题。

（1）在测试站点过程中应确保网页在目标浏览器中如预期地显示和工作，没有损坏的链接，而且下载时间不宜过长等。

（2）了解各种浏览器对 Web 页面的支持程度。由于不同的浏览器观看同一个 Web 页面时会有不同的效果，很多制作的特殊效果在有些浏览器中可能看不到，因此需要进行浏览器兼容性检测，以找出不被其他浏览器支持的部分。

（3）检查链接的正确性。通过 Dreamweaver 提供的检查链接功能可以检查文件或站点中的内部链接及孤立文件的正确性。

5. 发布网页

发布网站前必须在 Internet 上申请一个主页空间，用于制定网站或主页在 Internet 上的存放位置。在申请好主页空间之后就可以用 FTP 软件将网页上传到服务器上，并通过 Internet 访问其中的内容了。

任务 7　熟悉 Dreamweaver CC

Dreamwave 系列软件是集合了网页制作和网站管理于一身的"所见即所得"的网页制作软件，它强大的功能和清晰的操作界面备受广大网页设计者的欢迎。Dreamwaver CC 作为 Dreamwaver 系列中的最新版本，在增强了面向专业人士的基本工具和可视技术外，同时提供了功能强大、开放式且基于标准的开发模式，可以轻而易举地制作出跨平台和浏览器的动感效果网页。

Dreamweaver CC 是 Adobe 公司推出的网页制作软件，用于对网站、网页和 Web 应用程序进行设计、编码和开发，广泛用于网页制作和网站管理。

 知识点

Dreamweaver CC 新功能

（1）Ajax 的 Spry 框架。通过 Adobe Dreamweaver CC，可以使用 Ajax 的 Spry 框架进行动态用户界面的可视化设计、开发和部署。Ajax 的 Spry 框架是一个面向 Web 设计人员的 JavaScript 库，用于构建向用户提供更丰富体验的网页。Spry 与其他 Ajax 框架不同，可以同时为设计人员和开发人员所用，因为实际上它的 99% 都是 HTML。

（2）Spry 构件。Spry 构件是预置的常用用户界面组件，可以使用 CSS 自定义这些组件，然后将其添加到网页中。使用 Dreamweaver，用户可以将多个 Spry 构件添加到自己的页面中，这些构件包括 XML 驱动的列表和表格、折叠构件、选项卡式界面和具有验证功能的表单元素。

（3）Spry 效果。Spry 效果是一种提高网站外观吸引力的简洁方式。这种效果差不多可应用于 HTML 页面上的所有元素。用户可以添加 Spry 效果来放大、收缩、渐隐和高亮显示元素，在一段时间内以可视方式更改页面元素，以及执行更多操作。

（4）高级 Photoshop CC 集成。Dreamweaver 包括了与 Photoshop CC 的增强的集成功能。现在，设计人员可以在 Photoshop 中选择设计的任一部分（甚至可以跨多个层），然后将其直接粘贴到 Dreamweaver 页面中。Dreamweaver 会显示一个对话框，可在其中为图像指定优化选项。如果需要编辑图像，只需双击图像即可在 Photoshop 中打开原始的带图层 PSD 文件进行编辑。

（5）浏览器兼容性检查。Dreamweaver 中新的浏览器兼容性检查功能可生成报告，指出各种浏览器中与 CSS 相关的呈现问题。在代码视图中，这些问题以绿色下画线来标记，因此用户可以准确知道产生问题的代码位置。确定问题之后，如果知道解决方案，则可以快速解决问题；如果需要了解详细信息，则可以访问 Adobe CSS Advisor。

（6）Adobe CSS Advisor。Adobe CSS Advisor 网站包含有关最新 CSS 问题的信息，在浏览器兼容性检查过程中可通过 Dreamweaver 用户界面直接访问该网站。CSS Advisor 不止是一个论坛、一个页面或一个讨论组，它使用户可以方便地为现有内容提供建议和改进意见，或者方便地添加新的问题以使整个社区都能够从中受益。

（7）CSS 布局。Dreamweaver 提供一组预先设计的 CSS 布局，它们可以帮助用户快速设计好页面并开始运行，并且在代码中提供了丰富的内联注释以帮助用户了解 CSS 页面布局。Web 上的大多数站点设计都可以被归类为一列、两列或三列式布局，而且每种布局都包含许多附加元素（如标题和脚注）。Dreamweaver 提供了一个包含基本布局设计的综合性列表，用户可以自定义这些设计以满足自己的需要。

（8）管理 CSS。借助管理 CSS 功能，用户可以轻松地在文档之间、文档标题与外部表之间、外部 CSS 文件之间，以及更多位置之间移动 CSS 规则。此外，还可以将内联 CSS 转换为 CSS 规则，并且只需通过拖放操作即可将它们放置在所需位置。

（9）Adobe Device Central。Adobe Device Central 与 Dreamweaver 相集成并且存在于整个 Creative Suite 3 软件产品系列中，使用它可以快速访问每个设备的基本技术规范，还可以缩放 HTML 页面的文本和图像以便显示效果与设备上出现的完全一样，从而简化了移动内容的创建过程。

（10）Adobe Bridge CC。将 Adobe Bridge CC 与 Dreamweaver 一起使用可以轻松、一致地管理图像和资源。通过 Adobe Bridge 能够集中访问项目文件、应用程序、设置以及 XMP 元数据标记和搜索功能。Adobe Bridge 凭借其文件组织和文件共享功能以及对 Adobe Stock Photos 的访问功能，提供了一种更有效的创新工作流程，使用户可以驾驭印刷、Web、视频和移动等诸多项目。

Dreamweaver 是现在最流行的网页制作工具，使用 Dreamweaver CC 可以轻而易举地制作出跨越平台限制和跨越浏览器限制的充满动感的网页。图 1-19 所示为 Dreamweaver CC 的工作界面。

图 1-19　Dreamweaver CC 的工作界面

1．菜单栏

菜单栏显示的菜单包括"文件""编辑""查看""插入""修改""格式""命令""站点""窗口""帮助"等 10 个菜单项，如图 1-20 所示。

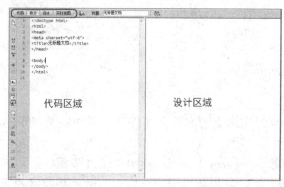

图 1-20　菜单栏

2．文档窗口

文档窗口显示当前创建和编辑的网页文档。用户可以在"设计"视图、"代码"视图、"拆分"视图和实时视图中查看文档，如图 1-21 所示。

图 1-21　文档窗口

3．"属性"面板

"属性"面板用于查看和编辑所选对象的各种属性。"属性"面板可以检查和编辑当前选定页面元素的最常用属性。"属性"面板中的内容根据选定元素的不同会有所不同。图 1-22 所示的是所选对象的"属性"面板。

图 1-22　"属性"面板

4．浮动面板

"属性"面板以外的其他面板可以统称为浮动面板。各浮动面板主要由面板的特征命名。这些面板都浮动于编辑窗口之外。可以通过菜单栏中的"窗口"命令来打开相应的面板，如图 1-23 所示。

5．"插入"面板

"插入"面板包含用于创建和插入对象的按钮。当鼠标指针移动到一个按钮上时，会出现一个工具提示，其中含有该按钮的名称。这些按钮被组织到几个类别中，可以在"插入"面板的上方切换它们。当前文档包含服务器代码时，还会显示其他类别。当启动 Dreamweaver 时，系统会打开上次使用的类别，常用的"插入"面板如图 1-24 所示。

图 1-23 浮动面板 　　　　　　　　图 1-24 "插入"面板

6."文件"面板

在此面板中可以管理组成站点的文件和文件夹，其功能类似于 Windows 中的资源管理器的功能。

除以上介绍的面板外，Dreamweaver CC 还提供了许多面板、检查器窗口，如"历史记录"面板和代码检查器。可以使用菜单中的"窗口"命令将隐藏的面板打开。

提 示

网站（包括一个主页和许多页面）

网页（一个页面）

实训　观察网站

实训目的：掌握网站的各种形式。

实训内容：在互联网上找到一个你经常访问的网站，然后对该网站的设计特点进行分析，写成一个 100 字左右的简评，回答以下问题。

（1）该网站的网址是什么？

（2）该网站的核心功能是什么？

（3）该网站面向的用户人群的范围是什么？

（4）该网站在设计上的哪些特性让你感觉非常方便？

（5）你认为该网站的哪些缺点可以改进？

小　　结

网页设计和开发是一个综合性强的工作。网页设计中并没有非常复杂的技术，但是包罗万象，既需要美工人员进行视觉方面的设计，也需要程序开发人员进行功能开发。因此需要设计师对各个方面的技术和知识有所掌握，不断积累设计经验，才能从容应对可能会遇到的各种问题。

项目 2　创建本地站点

学习目标

（1）熟练掌握本地站点的创建和管理。

（2）掌握整个网站的链接思路。

（3）熟练掌握网页的创建、打开、命名和保存。

任务 1　创建一个本地站点

站点按照位置的不同可分为本地站点及远程站点。本地站点是建立在本地计算机硬盘中的一个文件夹，用于存放站点中所有的网页、图像等对象。

知识点

站 点 规 划

合理的站点结构能够加快对站点的设计，提高工作效率。如果将所有的网页都存储在同一个目录下，当站点的目录越来越大、文档越来越多时，管理起来就会困难，所以对站点进行规划就是很重要的一个准备工作。

1．确定站点目标

创建站点前必须要明确所创建站点的目标。目标确定后，再整理思路，将其编辑成文档，作为创建站点的大纲。

2．组织站点结构

设置站点的常规做法是在本地磁盘创建一个包含站点所有文件的文件夹，然后在这个文件夹中创建多个子文件夹，将所有文件分门别类地存储到相应的文件夹下，根据需要可以创建多级子文件夹。准备好发布站点并允许公众查看此站点后，再将这些文件复制到 Web 服务器上。

建立站点目录结构时，尽量遵循以下原则：

（1）不要将所有文件都存放到根目录下。这样会造成文件管理混乱、上传速度慢等不利影响。

（2）按栏目的内容建立下级子目录。下级子目录的建立，首先应按主菜单栏栏目建立。

（3）在每个主目录下都单独建立相应的 Images 目录。

（4）目录名称不要过于复杂，一般情况下不超过 3 层。

① 不要使用中文目录名。

② 不要使用过长的目录名。

③ 尽量使用意义明确的目录名，以便于记忆和管理。应使用简单的英文或者汉语拼音及其缩写形式作目录名。

3．确定站点的栏目和版块

站点的栏目和版块确定了站点的整体风格，也就是网站的外观，包括网站栏目和版块、网站的目录结构和链接结构、网站的整体风格和设计创意等。

现在的网站按照其界面和内容基本可分为两种：

（1）信息格式。该类网站的界面以文字信息为主，页面的布局整齐规范、简洁明快。站点中的每个页面都会有一个导航系统，顶部区域使用一些比较有特色的标志，顶部中间是一些广告横幅，其他部分则按类别放置了许多超链接。这种站点对图像、动画等多媒体信息选用不多，一般仅用于广告或宣传。

（2）画廊格式。该类站点的典型代表是个人网站或公司网站，表现形式上主要以图像、动画和多媒体信息为主，通过各种信息手段表现个人特色或宣扬公司理念。这类站点布局或时尚新颖，或严谨简约，比较注重企业或个人形象与文化特征。

4．分析访问对象

Internet 的访问者可能来自不同地域、使用不同的浏览器、以不同的链接速度访问站点，这些因素都会直接影响用户对站点的点击率，所以制作者必须从访问者的利益出发制作站点。

可以参考以下 3 种方法制作能满足更多用户的站点：

（1）针对可能会对站点感兴趣的用户，在这些用户中搜集出访问站点的目标，然后从用户的角度出发，考虑他们对站点有哪些要求，从而将制作的站点最大限度地与用户的愿望统一，争取更接近或达到建立站点的目的。

（2）先将所创建的站点发布，在站点中设立反馈信息页，可以从用户那里得到实际的信息，然后再对站点进行改进。

（3）对亲友、同学或社会做一些调查，了解他们对什么形式的站点感兴趣。

对于静态网站，掌握网页制作流程即可。如果是动态网站，需要掌握以下内容：

（1）整体规划。

● 选择动态程序语言，如 ASP、PHP、JSP、.NET 等。一般的小型网站都是使用 ASP + ACC 数据库形式来制作，.NET 是新兴的一种语言，是 ASP 的升级版本。

● 要做好网站栏目功能规划，即确定栏目和要实现的功能等。

● 最后是根目录的策划，即安排好网站中用到的所有文件的存储目录。

（2）数据库规划，确定所用的数据库及其组成。

（3）编写网站后台，编写控制数据的代码，以实现其动态效果。

5．创建本地站点步骤

站点是一组具有共享属性（如相关主题、类似的设计或共同目的）的链接文档和资源。Dreamweaver 是创建和管理站点的工具，使用它不仅可以创建单独的文档，还可以创建完整的 Web 站点。

步骤 01 在菜单栏中选择"站点"→"管理站点"命令，随即弹出"管理站点"对话框，如图 2-1 所示。

步骤 02 在弹出的"管理站点"对话框中，单击"新建站点"按钮，如图 2-2 所示。

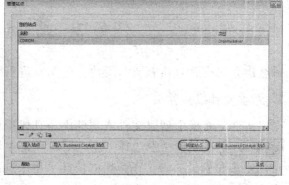

图 2-1 选择"管理站点"命令　　　　　　图 2-2 "管理站点"对话框

步骤:03 弹出"站点设置对象 CDROM"对话框，在"站点名称"文本框中输入站点名称，然后单击"本地站点文件夹"文本框右侧的文件夹按钮，如图 2-3 所示。

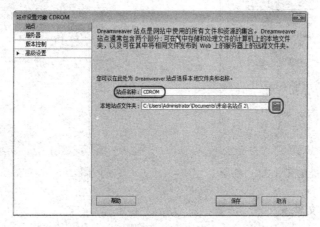

图 2-3 "站点设置对象 CDROM"对话框

步骤:04 弹出"选择根文件夹"对话框，选择正确的路径及文件夹，然后单击"选择文件夹"按钮，如图 2-4 所示，返回到"站点设置对象 CDROM"对话框中，单击"保存"按钮，然后单击"完成"按钮即可。

图 2-4 "选择根文件夹"对话框

任务2 站点管理

站点建立完成后，就需要对所建立的站点进行管理。下面介绍如何对站点进行管理。

1. 添加文件或文件夹

在"文件"面板中创建文件或文件夹的具体操作步骤如下：

步骤：01 在菜单栏中选择"窗口"→"文件"命令，打开"文件"面板，在"文件"面板中的空白位置处右击，在弹出的快捷菜单中选择"新建文件夹"或"新建文件"命令，如图2-5所示。

步骤：02 在弹出的快捷菜单中选择"新建文件"命令，创建一个文件，在"文件"面板中的效果如图2-6所示。

图2-5 "新建文件夹"命令

图2-6 "文件"面板

2. 删除文件或文件夹

在制作网页的过程中有时需要将多余的文件夹或文件删除。下面介绍如何删除文件或文件夹。

步骤：01 打开"文件"面板，选择需要删除的文件夹或文件并右击，在弹出的快捷菜单中选择"编辑"→"删除"命令，如图2-7所示。

步骤：02 弹出提示对话框，单击"是"按钮，这样就可以将文件夹或文件删除，如图2-8所示。

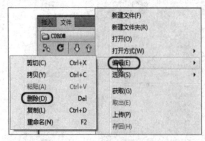

图2-7 "删除"命令

图2-8 提示对话框

提 示

选择需要删除的文件夹或文件，按【Delete】键也可以将其删除。

3. 重命名文件或文件夹

在制作网页的过程中，为了便于管理，有时需要对创建的文件夹或文件进行重命名，首先选择需要重命名的文件或文件夹并右击，在弹出的快捷菜单中选择"编辑"→"重命名"命令，如图 2-9 所示。此时选择的文件夹或文件的名称处于可编辑状态，输入名称即可，如图 2-10 所示。

用户还可以使用【F2】键对文件夹或文件重命名。

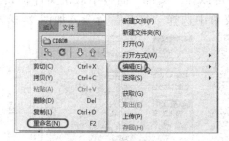

图 2-9 "重命名"命令

图 2-10 修改名称

> **提 示**
>
> 无论是重命名还是移动文件，都应该在"文件"面板中进行。因为"文件"面板有动态更新链接的功能，确保站点内部不会出现链接错误。

任务 3   新 建 网 页

制作网页的前提是首先必须新建一个网页文档。

1. 创建空白网页

创建空白网页的具体操作步骤如下：

步骤 : 01   启动软件后，在菜单栏选择"文件"→"新建"命令，如图 2-11 所示。

步骤 : 02   弹出"新建文档"对话框，选择"空白页"→HTML→"无"命令，然后单击"创建"按钮，即可创建一个空白网页，如图 2-12 所示。

图 2-11 "新建"命令

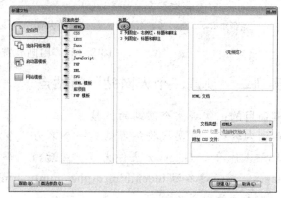

图 2-12 "新建文档"对话框

提示

在 Dreamweaver CC 欢迎界面中，选择"新建"栏下的 HTML 选项可以直接创建空白网页。

2. 打开网页文档

可以通过选择菜单栏中的命令打开文档，选择菜单栏中的"文件"→"打开"命令，在弹出的"打开"对话框中选择需要打开文档的路径，选中文件，然后单击"打开"按钮，如图 2-13 所示。

如果被打开的文档是站点中的文件，打开时可以在"文件"面板中双击文件将其打开，或选中需要打开的文档并右击，在弹出的快捷菜单中选择"打开"命令，如图 2-14 所示。

图 2-13 "打开"命令

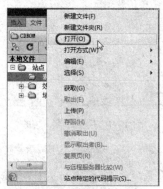

图 2-14 "打开"命令

实训一　创建"国画欣赏"站点

实训目的：掌握整个网站的链接。

实训内容：上机实战将练习创建一个名为"国画欣赏"的站点（见图 2-15），将其中的本地站点保存在 D:\guohua 文件夹下。然后为"国画欣赏"网站建立一个存放图片的文件夹 images，并新建名为 index.html、ghzs.html、jrmh.html、ghds.html、flxs.html、ghlt.html 和 lxwm.html 的网页文件。

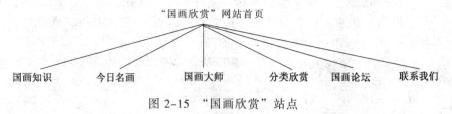

图 2-15 "国画欣赏"站点

实训二　创建"个人网站"的站点

实训目的：掌握整个网站的链接。

实训内容：上机实战将练习创建一个名为"个人网站"的站点（见图 2-16），将其中的本地站点保存在 D:\grwz 文件夹下。然后为"个人网站"网站建立一个存放图片的文件夹 images，并新建名为 index.html、ghzs.html、jrmh.html、ghds.html、flxs.html、ghlt.html 和 lxwm.html 的网页文件。

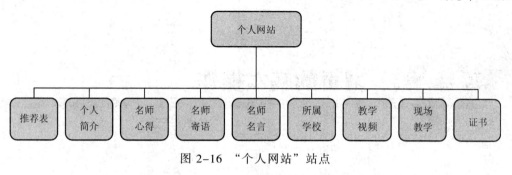

图 2-16 "个人网站"站点

小　结

　　网站规划是指在网站建设前对市场进行分析，确定网站的目的和功能，并根据需要对网站建设中的技术、内容、费用、测试、维护等做出规划。网站定位可以从网站的主题及网站域两个方面考虑，在此基础上制订站点的功能模块结构图和站点的文件结构图。

　　在使用 Dreamweaver 开发网站之前，应该建立一个站点以及设置站点信息，用来管理创建的网页。定义站点有两种方法，分别是利用站点定义向导建立站点的方法和利用站点定义的"高级"选项卡建立站点的方法。创建好站点后，此时的站点还只有一个"空壳"，要成为网站还必须添加文件和文件夹，也就是要确定网站的文件目录结构。

　　网站规划、建立一个站点以及设置站点信息和如何管理站点都是页面设计的基础，也是网页设计的平台。

项目 3　网页的基本操作

学习目标

（1）熟练掌握网页的布局设计和页面的属性设置。

（2）熟练掌握在网页中添加文本、列表、图像、鼠标经过图像、水平线、日期和时间、Flash、声音等网页对象及其属性设置的方法。

任务 1　页面布局及属性设置

在制作网页前，须先对页面属性进行设置，以确保影响整个网站的相关参数在预期的域值内，以统一整个网页的风格。

选择菜单"修改"→"页面属性"命令或者在"属性"面板中单击"页面属性"按钮都可以打开"页面属性"对话框

1．设置页面的外观属性

在该界面中可以设置字体、文本颜色、背景图像和页面的边距等，如图 3-1 所示。

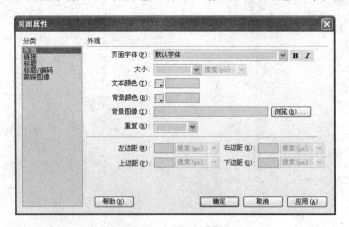

图 3-1　设对话框

"外观"界面中主要选项含义如下。

（1）"页面字体"：在该下拉列表中可以选择页面字体的样式，可设置字体的加粗和倾斜效果。

（2）"大小"：在该下拉列表中可以设置字体的大小，也可以直接输入所需的字号。

（3）"文本颜色"：设置字体的默认显示颜色。

（4）"背景颜色"：设置网页背景的颜色。

（5）"背景图像"：在该文本框中输入背景图像的路径，也可以单击"浏览"按钮，在弹出的"选择图像源文件"对话框中选择所需的图像。

（6）"左边距""上边距""右边距""下边距"：分别用来设置页面四周边距的大小。

如果同时使用背景图像和背景颜色，下载图像时首先会出现颜色，然后图像覆盖颜色。如果背景图像包含任何透明像素，则背景颜色会透过背景图像显示出来。

2．设置页面的链接属性

"链接"选项主要对页面的超链接文本的字体、颜色等进行设置，如图 3-2 所示。

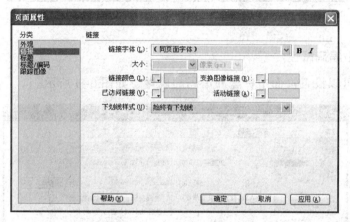

图 3-2　设置页面的链接属性对话框

"链接"界面中主要选项含义如下。

（1）"链接字体"：在该下拉列表中选择网页中设置为超链接的文本字体，单击其后的按钮可设置字体的加粗和倾斜效果。

（2）"大小"：在该下拉列表中设置链接文本的字体大小，也可以直接输入所需的字号。

（3）"链接颜色"：设置链接文本的颜色。

（4）"变换图像链接"：设置当光标位于链接上时链接文本的默认颜色。

（5）"已访问链接"：设置已访问过的链接的文本的默认颜色。

（6）"活动链接"：设置当单击链接时，链接的文本的默认颜色。

（7）"下划线样式"：设置链接的文本采用的下画线样式。

3．设置页面标题属性

在该界面中可以指定网页中各级标题的相关格式，包括加粗、倾斜和颜色等，如图 3-3 所示。

"标题"界面中主要选项含义如下。

（1）"标题字体"：在该下拉列表中选择页面标题的字体样式，单击其后的按钮可设置字体的加粗和倾斜效果。

（2）"标题 1"：在该下拉列表中可分别设置 1 级标题的字体大小和颜色，其他标题设置相同。

图 3-3　设置页面的标题属性对话框

4．设置标题/编码属性

在该界面中可以设置页面中标题和编码的属性，如图 3-4 所示。

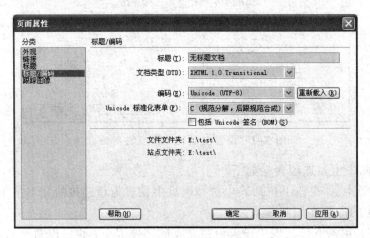

图 3-4　设置页面的标题/编码属性对话框

"标题/编码"界面中主要选项含义如下。

（1）"标题"：在该文本框中输入网页的标题，该标题将显示在浏览器窗口的标题栏中。

（2）"文档类型（DTD）"：指定文档结构类型。例如，可从弹出式菜单中选择 XHTML 1.0 Transitional 或 XHTML 1.0 Strict 选项，使 HTML 文档与 XHTML 兼容。

（3）"编码"：设置页面使用的字体编码类型，一般使用"简体中文（GB2312）"或 UTF-8 选项。

5．设置跟踪图像属性

如图 3-5 所示，"跟踪图像"界面中主要选项含义如下。

（1）"跟踪图像"：在该文本框中输入跟踪图像的路径，也可以单击"浏览"按钮，在弹出的"选择图像源文件"对话框中选择所需的图像。

（2）"透明度"：设置跟踪图像的透明度，可以通过拖动滑块进行调节。

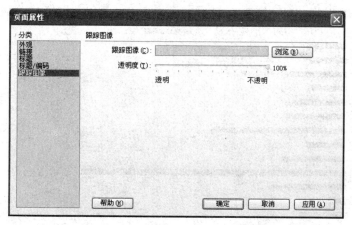

图 3-5　设置页面的跟踪图像对话框

任务 2　创建基本文本网页

　　文本是网页的基础和灵魂，任何一个网站都离不开网页中的文字。在 Dreamweaver 中，可以对文字的格式、字体、字号、颜色以及对齐方式等属性进行设置。

1. 创建文本

　　步骤：**01**　新建"index.html"网页文件。

　　步骤：**02**　将插入点放在要输入文本的位置，输入文字，如图 3-6 所示。

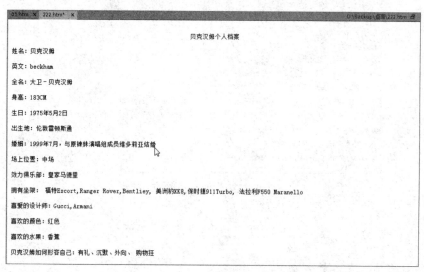

图 3-6　页面效果

　　步骤：**03**　选中输入的文字，在"属性"面板中选中 CSS 选项卡，将"大小"设置为 14 像素，"文本颜色"设置为#5176EC，如图 3-7 所示。

　　步骤：**04**　保存文档，按【F12】键在浏览器中预览效果，如图 3-8 所示。

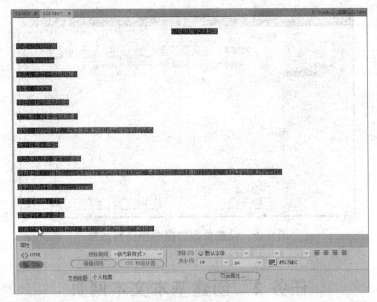

图 3-7　文字属性设置

图 3-8　页面效果

 知识点

1. 在网页中输入文本的方法

（1）直接添加文本。将插入点放置在要添加文本的位置，直接在文档窗口中输入文本。

（2）导入文本。将插入点放置在要添加文本的位置，单击菜单"文件"→"导入"→"Word 文档"命令，实现导入文本。

（3）从其他应用程序或窗口复制文本。将插入点放置在要添加文本的位置，选择"编辑"→"粘贴"命令，就可以将前面复制的内容粘贴到相应的位置。

2．设置文本的属性

可以在“属性”面板中设置文本的属性，如图 3–9 所示。

▼属性
格式 无
样式 无
CSS
B I
链接
字体 宋体
大小 12
像素(px)
#3E79A6
目标

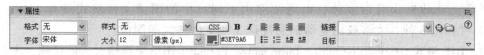

图 3–9 “属性”面板

文本“属性”面板中主要选项含义如下。

（1）“格式”：设置文本的格式，其中的“段落”属性可以使选中文字独自成为一个段落，标题 1 ~ 6 用来控制文本大小。在这几种格式中，标题 1 字体最大，标题 6 字体最小。

（2）“字体”：设置文本字体。

（3）“样式”：用来控制网页中某一文本区域外观的一组属性。

（4）“大小”：用来设置文本的大小，与“格式”选项不同的是，“标题 1-6”属性通常赋予标题，字体改变大小的同时变为粗体；如果只想改变文本大小，而不想让字体变为粗体，可以使用大小属性。另外，“大小”属性只对选中文本起作用，而“格式”属性对整段文字起作用。

（5）“文本颜色”：在弹出的颜色框中选择颜色，也可以直接在文本框中输入颜色的十六进制代码。

（6）“粗体”“斜体”：设置文字的加粗、倾斜效果。

（7）“左对齐”“居中对齐”“右对齐”和“两端对齐”：使整段文本居左、居中、居右或两端对齐进行排列。

提 示

插入空格的技巧：

输入法切换到半角状态，按空格键只能输入一个空格。如果需要输入多个连续的空格可以通过将输入法切换到中文状态，把半角换成全角来实现，直接按【Ctrl+Shift+Space】组合键。

2．在文本中插入特殊字符

在网页编辑过程中，如果需要在页面中插入某些特殊符号，如版权符号、注册商标符号、英镑符号等，可以通过选择“插入” → “HTML” → “特殊字符”命令，在弹出的子菜单中选择要插入的特殊字符，如图 3–10 所示。

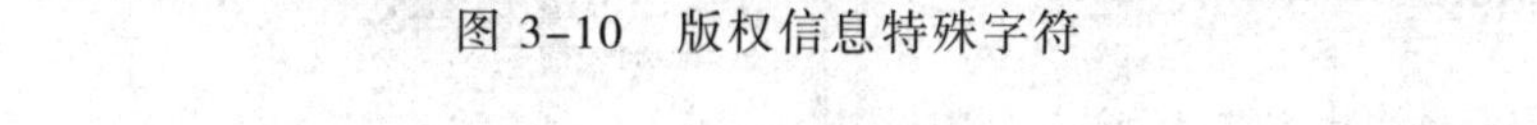
云南林业职业技术学院教务处 ©Copyright 2012 All Rights Reserved.

图 3–10 版权信息特殊字符

任务 3 使 用 图 像

网页美化最简单、最直接的方法就是在网页上添加图像，图像不仅使网页更加美观、形象和生动，而且使网页中的内容更加丰富多彩。利用图像创建精美网页，能够给网页增加生机，从而吸引更多的浏览者。

1. 插入图像

1）图像的格式

图像文件的格式有很多种，但通常应用于网页中的图像文件格式只有 GIF、JPEG（JPG）和 PNG 3 种，大多数浏览器都支持这 3 种文件格式的图像。

（1）GIF 格式。GIF 是 Graphics Interchange Format（图形交换格式）的简称，主要用于存储非连续色调图像或色调比较单一的图像。这种格式的图形文件最多使用 256 种颜色，具有体积小、下载速度快等优点，在网页制作中常用于制作导航条、按钮、图标等网页元素。

（2）JPEG（JPG）格式。JPEG 是 Joint Photographic Experts Group（联合图像专家组）的简称，主要用于存储照片或连续色调的图像。JPEG 常用于显示网页中对图片色彩和清晰度要求较高的图像，是目前互联网中最受欢迎的图像格式。

（3）PNG 格式。PNG 是 Portable Network Graphic（可移植网络图像）的简称，它同时具有 GIF 格式图像和 JPEG 格式图像的优点，它既可以采用无损压缩的算法，也可以采用有损压缩的算法来压缩图像，从而进一步减少文件的大小，而且 PNG 格式的图像支持多种颜色的显示，是颇具发展前景的一种图像格式。

2）插入图像

单击菜单"插入"→"图像"命令，或单击"常用"插入工具栏上的"图像"按钮，弹出"选择图像源文件"对话框。在"选择图像源文件"对话框中先选择需要的图像文件的路径，然后选择一个需要插入的图像文件。单击"确定"按钮，弹出"图像标签辅助功能属性"对话框，提醒用户输入替换文本和详细说明。

3）插入图像占位符

图像占位符的作用是为当前网页留下一定的空间，用于以后在此插入图像文件。图像占位符的相关属性与图像的相关属性基本相同，用户可以设置图像占位符的名称、大小以及颜色等属性，单击菜单"插入"→"图像对象"→"图像占位符"命令即可。

2. 设置图像属性

步骤：01 打开"03\原始文件\3.1\01.html"网页文件，如图 3-11 所示。

步骤：02 将插入点放置在要插入图像的位置，选择"插入>图像"命令，在弹出的"选择图像源文件"对话框中选择网站根目录下的 images 文件夹中的图像 gr2.jpg，如图 3-12 所示。

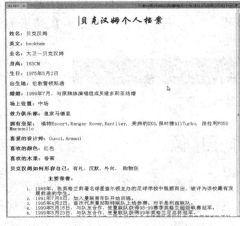

图 3-11　页面效果　　　　　　　　　　图 3-12　选择图片

步骤：03 单击"确定"按钮即可插入图像，如图 3-13 所示。

步骤：04 选中插入的图像，在"属性"面板的"对齐"下拉列表中选择"右对齐"选项，如图 3-14 所示。

步骤：05 保存文档，按下 F12 键在浏览器中预览效果，如图 3-15 所示。

图 3-13 插入图片   图 3-14 对齐方式

图 3-15 页面效果

🔊 知识点

（1）图像：右侧数字代表所选图像大小，下方的文本框可输入所选图像名称，以便于在使用行为和脚本语言时引用该图像。

（2）"宽"和"高"：设置页面中选中图像的宽度和高度。默认情况下，单位为"像素"。

（3）"源文件"：指定图像的源文件。在该文本框中可以输入图像的源文件位置，也可以单击后面的文件夹图标按钮，直接选择图像文件的路径和文件名

（4）"链接"：在该文本框中可以输入图像的链接地址，也可以单击后面的文件夹图标按钮，直接选择网站中的文件。

（5）"替换"：在该文本框中可以输入图像的说明文字。

（6）"类"：在该下拉列表框中可以选择应用已经定义好的 CSS 样式。

（7）"编辑"：右侧提供的一系列按钮，可用于对图像进行编辑。

✎：使用外部编辑软件进行图像的编辑操作。

：使用 Fireworks 最优化图片。

：用于修剪图像大小，拖动裁切区域的角点至合适的位置，按<Enter>键即可完成操作，它可以切割图像区域并替换原有图像。

：重新取样按钮，图像经过编辑后，单击该按钮可以重新读取图片文件的信息。

：设置图像亮度和对比度。单击该按钮后，通过对话框中滑块的拖动可以调整图像的亮度和对比度。

⚠：调整图像的清晰度，从而提高边缘的对比度，使图像更清晰。

（8）"地图"：可以创建图像热点区域，同时下方提供了 3 种创建热点区域的工具。

（9）"垂直边距"和"水平边距"：设置图像在垂直方向和水平方向上的空白间距。

（10）"目标"：设置链接文件显示的目标位置。

（11）"低解析度源"：指定在主图像被载入之前载入的低分辨率图像来源。一般采用黑白两幅图像作为要载入图像的缩略图。

（12）"边框"：设置图像的边框宽度，单位为像素，默认为无边框。

（13）▤ ▤ ▤：3 种基本对齐方式，设置图像的"左对齐""居中对齐""右对齐"方式。

（14）"对齐"：设置的是一行中图像和文本的对齐方式。可以在列表中选择对齐方式。

"默认值"：取决于浏览器，通常指定为基线对齐。

"基线"：将文本的基准线与选定图形底部对齐。

"顶端"：将图像顶端与当前行中最高项的顶端对齐。

"居中"：将图像的中部与当前行的基线对齐。

"底部"：将文本底端与选定图像的底端对齐。

"文本上方"：将图像的顶端与文本行中最高字符顶端对齐。

"绝对居中"：将图像的中部与当前行中文本的中部对齐。

"绝对底部"：将图像的底部与文本行的底部对齐。

"左对齐"：将图像放置在左边，文本在图像的右侧换行。

"右对齐"：将图像放置在右边，文本在图像的左侧换行。

任务 4　在页面中创建翻转图像

原始文件：03\原始文件\4.1\index.html 最终文件：03\最终文件\4.1\index.html

单击菜单"插入"→"HTML"→"鼠标经过图像"命令，在弹出的菜单中单击"鼠标经过图像"选项，弹出的对话框如图 3-16 所示。

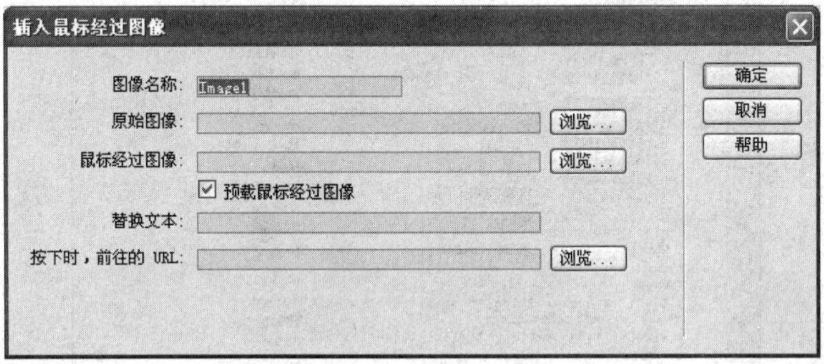

图 3-16　"插入鼠标经过图像"对话框

任务 5　在网页中插入其他网页元素

1. 插入水平线

1）添加水平线

单击菜单"插入"→"HTML"→"水平线"命令。

2）修改水平线

选中水平线，在"属性"面板中修改。

2. 插入日期和时间

单击菜单"插入"→"HTML"→"日期"命令。

3. 插入 Flash 对象

目前，Flash 动画是网页上最流行的动画格式，广泛用于网页中。在 Dreamweaver 中，Flash 动画也是最常用的多媒体插件之一，它将声音、图像和动画等内容加入到一个文件中，并能制作较好的动画效果，同时还使用了优化的算法将多媒体数据进行压缩，使文件变得很小，因此，非常适合在网上传播。

步骤：01　单击"文件"→"新建"命令，新建一个空白文档。

步骤：02　将光标置于要插入 Flash 的位置，单击菜单"插入"→"HTML"→"Flash SWF"命令，如图 3-17 所示。

步骤：03　弹出"选择文件"对话框，选择 03\原始文件\5.3 中"images"文件夹下的 bg.swf 文件，如图 3-18 所示。

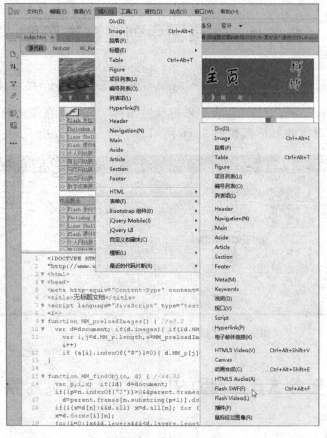

图 3-17 插入 Flash

步骤：04 保存文件，按【F12】键，在浏览器中浏览，效果图如图 3-19 所示。

图 3-18 选择文件

图 3-19 页面效果

📢 **知识点**

在编辑窗口中单击 Flash 文件，可以在"属性"面板中设置该文件的属性，如图 3-20 所示。

图 3-20　Flash 文件属性

"Flash 属性面板"参数设置（与"图像"重复的属性略）：

（1）"循环"：设置影片在预览网页时自动循环播放。

（2）"自动播放"：设置 Flash 文件在页面加载时就播放，建议选中。

（3）"品质"：在影片播放期间控制失真度。

① "低品质"：更看重速度而非外观。

② "高品质"：更看重外观而非速度。

③ "自动低品质"：首先看重速度，但如有可能则改善外观。

④ "自动高品质"：首先看重品质，但根据需要可能会因为速度而影响外观。

（4）"比例"：设置 Flash 对象的缩放方式。可以选择"默认（全部显示）""无边框""严格匹配" 3 种。

（5）"重设大小"：将已调整过的 Flash 影片重新恢复到原始尺寸。

（6）"播放"：在编辑窗口中预览选中的 Flash 文件。

（7）"参数"：打开"参数"对话框，为 Flash 文件设定一些特有的参数。

4．网页中插入影片

Shockwave 影片是一种很好的压缩格式，它能被目前的主流浏览器（如 IE 和 Netscape）所支持，可以被快速下载。

步骤：01 执行"文件"→"新建"命令，新建一个 HTML 文档。

步骤：02 将光标置于要插入影片的地方，单击选择"插入"→"HTML"→"HTML 5 Video"，如图 3-21 所示。

图 3-21　插入影片

步骤：03 点击插入之后在设计视图中会出现一个 html5 的视频插件图标，点击插件在属性栏中填写视频的相关信息最主要填写的就是视频的地址。视频格式是根据浏览器定的不同的浏览器支持的格式不同，具体的可以查看 html5 手册，本测过 360、 google、 firefox 都支持 mp4。如下图 3-22 所示。

步骤：04 填写好视频地址保存文件就可用浏览器打开看看这小小效果了。打开后鼠标移到视频上点击播放按钮就可以播放了。

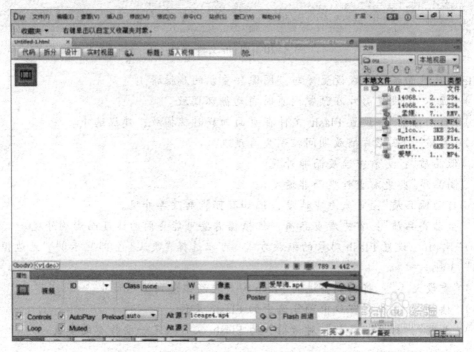

图 3-22　mpeg 文件

📢》知识点

1）插入 Flash 动画

将插入点放置在插入 Flash 动画的位置，选择"插入"→"HTML"→"Flash"命令。

2）插入 Flash 文字

将插入点放置在插入 Flash 动画的位置，选择"插入"→"HTML"→"Flash 文字"命令。

3）插入 Flash 按钮

将插入点放置在插入 Flash 动画的位置，选择"插入"→"HTML"→"Flash 按钮"命令。

提　示

在插入 Flash 按钮和 Flash 文本时，名称和路径中不能有中文。

Flash 动画的格式为*.swf。

5. 创建背景音乐网页

背景音乐能营造一种气氛，现在很多网站为突出自己的个性，都喜欢添加音乐。

原始文件:03\原始文件\5.4\index.html　最终文件:03\最终文件\5.4\index.html

切换到代码视图，在<body>后输入<bgsound　src=shengyin.mp3　loop=-1>

实训一　改变链接文字的样式

实训目的：掌握链接文字的改变方法。

实训内容：把链接文字换一种样式。

实训二　插入鼠标经过图像

实训目的：掌握鼠标经过图像的创建方法。

实训内容：利用图像处理软件将产品的正侧图像处理成大小相同，将产品信息详细页的产品图像更改为鼠标经过图像，使正常显示为产品的正面图像，鼠标经过图像为产品的侧面图像。

实训三　添加多媒体对象

实训目的：掌握在文档中插入多媒体的方法。

实训内容：在产品信息详细页的右下角添加"返回主页"的 Flash 按钮，并为该页面添加背景音乐。

小　　结

本项目主要介绍网页的新建、保存、命名和打开的方法，页面的布局及属性设置，在页面中插入文本、文字列表、图像、水平线、日期、Flash 动画及声音等网页元素的方法和技巧，这些方法和技巧通过多做多练多思考才能够熟练掌握。

项目 **4** 表格应用

学习目标

（1）熟练掌握表格的创建、编辑、属性设置。

（2）熟练掌握特殊形状表格制作的技巧。

（3）熟练掌握表格在网页布局中的应用。

表格是设计和制作网页时必不可少的元素，它在网页中起到两个作用：一是显示表格中的数据，如产品销售等；二是用于定位网页对象。

任务 1　表格的创建、编辑及属性设置

如 Word 中所讲述的表格一样，一张表格横向为行，纵向为列。行列交叉部分就称为单元格。单元格是网页布局的最小单位。有时为了布局的需要，我们可以在单元格内再插入新的表格，有时可能需要在表格中反复插入新的表格，以实现更复杂的布局。单元格中的内容和边框之间的距离称为边距。单元格和单元格之间的距离称为间距。整张表格的边缘称为边框。

1．创建表格

（1）单击菜单"插入"→"表格"命令。

（2）对"表格"对话框中的各个参数进行设置，包括边框、填充、间距，如图 4-1 所示。

① 边框：边线是否可见，0 代表无边线；1 代表有边线。

② 单元格填充：单元格中内容与单元格内侧之间的距离。

③ 单元格间距：单元格与单元格之间的距离。

2．编辑表格

1）选择表格及表格单元格

（1）选中整个表格：单击表格的外边框，此时表格右边、下边和右下角会出现 3 个正方形黑色控制柄，如图 4-2 所示。

（2）选中单元格：

① 将光标定位于行的左边缘或列的最上端，当光标变成黑色箭头时单击即可。

② 在单元格内单击，按住鼠标左键，平行拖动或者向下拖动可以选择多行或者多列，如图 4-3 所示。

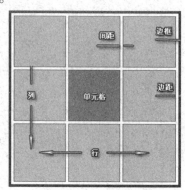

图 4-1　表格参数

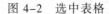

图 4-2　选中表格　　　　　　　　　　　图 4-3　选中单元格

③ 按住【Ctrl】键，鼠标左键分别单击欲选择的多行或者多列，这种方法可以比较灵活地选择多行或者多列。

2）在表格中插入或删除行或列

在需要添加行或列的位置右击，可以选择菜单"表格"→"插入行"或者"插入列"命令，即可在此单元格上面添加一行或者左面添加一列。各属性参数含义如下：

① 插入行：选择此项将插入行。

② 插入列：选择此项将插入列。

③ 行数（列数）：在文本框中，设置插入行或列的数值。

位置：

① 所选之上（所选之前）：在当前所选位置上面（前面）进行插入操作。

② 所选之下（所选之后）：在当前所选位置下面（后面）进行插入操作。

3）合并拆分单元格

在"属性"面板，如图 4-4 所示。

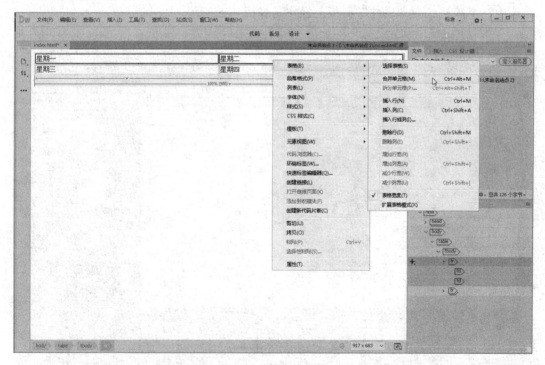

图 4-4　合并单元格

合并单元格的操作是拆分单元格的逆过程，合并单元格和拆分单元格具体方法可以有以下 4 种。操作如下：

（1）选择需要合并的连续的各单元格：

① 使用【Ctrl+Alt+M】组合键。

② 右击，在弹出的菜单中选择"表格"→"合并单元格"命令。

③ 单击单元格"属性"面板左下角的 ⊞ 按钮。

（2）将光标放置于表格中想要拆分的单元格内：

① 使用快捷键【Ctrl+Alt+S】组合键。

② 右击，在弹出的菜单中选择"表格"→"拆分单元格"命令。

③ 单击单元格"属性"面板左下角的 ⚟ 按钮。

3．设置表格及单元格属性

1）设置表格属性（背景颜色、背景图片）

表格 ID：在其右边的下拉列表中，设置表格 ID，一般不可输入。

行：在文本框中，设置表格的行数。

列：在文本框中，设置表格的列数。

宽：在文本框中，设置表格的宽度，有"%"和"像素"两种单位可以选择。

填充：在文本框中，设置单元格内部和对象的距离。

间距：在文本框中，设置单元格之间的距离。

对齐：在其右边的下拉列表中设置表格的 4 种对齐方式。

边框：在文本框中输入相应数值，设置表格的边框宽度。

选中整个表格，在"属性"面板上操作，如图 4-5 所示。

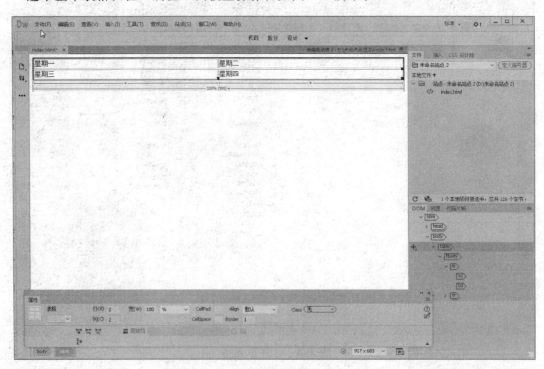

图 4-5　表格属性设置

2）单元格属性设置（背景颜色、背景图片）

选中单元格，在"属性"面板上操作，如图 4-6 所示。

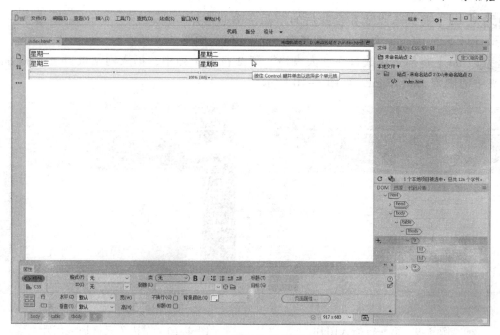

图 4-6 单元格属性设置

任务 2 制作"公司网站"的主页面

✎ 最终文件:04\最终文件\2.1\index.html

步骤：01 新建一空白文档，将插入点放置在页面中，选择"插入"→"Table"命令，插入 3 行 2 列的表格，此表格记为"大表格"，宽度为 761 像素，边框、间距、边距为 0，表格参数如图 4-7 所示。

步骤：02 选中"大表格"第一行的两个单元格，并进行合并，如图 4-8 所示。

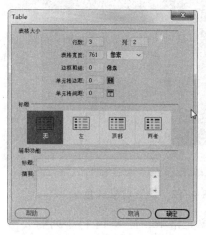

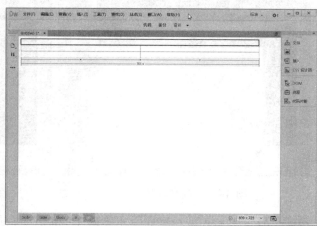

图 4-7 表格参数 图 4-8 合并单元格

步骤：03 将插入点放在合并后的单元格中，选择"插入"→"Images"命令，插入网站根目录下的 images 文件夹中的图像 xmr_r1.gif，如图 4-9 所示。

步骤：04 将插入点放置在"大表格"第 2 行第 1 列中，插入网站根目录下的 images 文件夹中的图像 xmr_r2.gif，如图 4-10 所示。

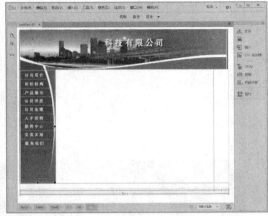

图 4-9　第一行插入图片　　　　　　图 4-10　左边单元格插入图片

步骤：05 将插入点放置在"大表格"第 2 行第 2 列中，将"属性"面板中的"垂直"设置为"顶端"，之后在其中插入 2 行 1 列的表格，宽度为 100%，此表格记为"小表格 1"，在"小表格 1"的第 1 行单元格中插入网站根目录下的 images 文件夹中的图像 yj.gif，如图 4-11 所示。

步骤：06 将插入点放置在"小表格 1"的第 2 行单元格中，将"背景颜色"设置为 yj.gif 图片的背景色，"水平"设置为"居中对齐"，"垂直"设置为"顶端"，如图 4-12 所示。

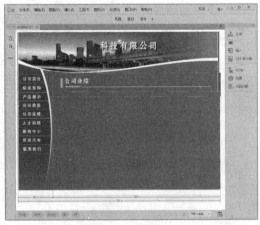

图 4-11　嵌套表格　　　　　　　　图 4-12　设置背景颜色

步骤：07 将插入点放置在"小表格 1"的第 2 行单元格中，插入 11 行 1 列的表格，宽度为 95%，边框为 0，间距为 1，此表格记为"小表格 2"，设置表格的"背景颜色"为 #e3e3e3，如图 4-13 所示。

设置表格的背景颜色，需要选中表格，切换到代码视图，添加语句 bgcolor="#e3e3e3"，具体如下：

```
<td><table width="95%"border="0" cellspacing="0" cellpadding="1"
bgcolor="#e3e3e3">
```

步骤：08 选中"小表格 2"中的所有单元格，将单元格的"背景颜色"设置为#FFFFFF，分别在"小表格 2"中输入相应的文字，如图 4-14 所示。

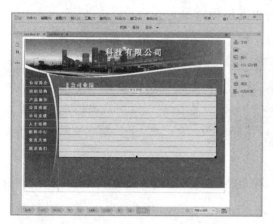

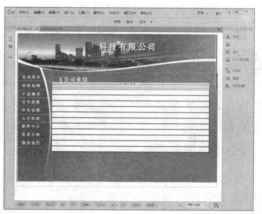

图 4-13 嵌套表格   图 4-14 细线表格效果

步骤：09 将插入点放置在"大表格"第 3 行中，合并两个单元格后，插入网站根目录下的 images 文件夹中的图像 xmo_r4.gif，如图 4-15 所示。

步骤：10 保存文档，按【F12】键在浏览器中预览效果，如图 4-16 所示。

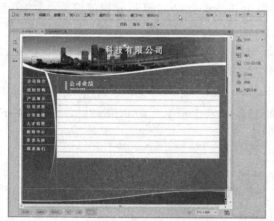

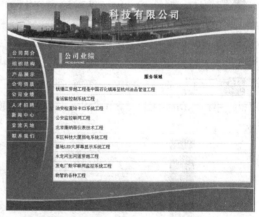

图 4-15 页脚的设计   图 4-16 最终效果

设置"属性"面板中的垂直和水平对齐时，必须光标定位在单元格里，如果单元格中有对象，先选中对象，按键盘上向左的箭头，把光标移到对象前，再利用"属性"面板设置。

任务 3　掌握常用表格技巧

1. 制作细线边框表格

步骤: 01 创建表格。

步骤: 02 选中表格，在“属性”面板中设置表格边框为 1，表格的背景色为黑色。

步骤: 03 将光标置于表格的第一个单元格中，按住鼠标左键并拖动鼠标，将表格的全部单元格选中，然后在“属性”面板中设置单元格的背景色为白色。

步骤: 04 设置间距为 2。

提 示

表格单元格间距属性用来指定表格各单元格之间的空隙。当设置整个表格的背景色时也包含了这个空隙，而设置单元格的背景色时却不包含这个空隙，所以，浏览器中显示的表格“边框线”并不是真正意义上的表格边框，而是单元格与单元格的空隙。

2. 制作圆角表格

在网页中插入表格时常常有一些技巧，如在表格四周加圆角，这样可以避免由于直接使用表格的直角使整体显得过于呆板。

最终文件:04\最终文件\3.2\index.html

3. 制作阴影表格

原始文件:04\原始文件\3.3\index.html 最终文件:04\最终文件\3.3\index.html

步骤: 01 插入 6 行 4 列表格，“边框粗细”和“单元格间距”分别设置为 1，“单元格边距”设置为 4。

步骤: 02 选中表格，“对齐”设置为“居中对齐”，背景颜色设置为#FFFFFF，“边框颜色”设置为#00C4FE，分别在表格中输入相应的文字。

步骤: 03 选中表格，切换到代码视图，在<table>标签中输入 style="filter:progid:DXImageTransform.Microsoft.Shadow(Color=#0060AB,Direction=120,strength=8)"，如图 4-17 所示。

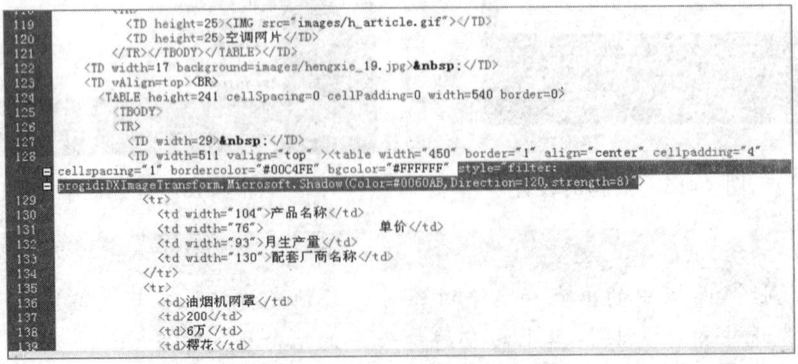

```
        <TD height=25><IMG src="images/h_article.gif"></TD>
        <TD height=25>空调网片</TD>
      </TR></TBODY></TABLE></TD>
    <TD width=17 background=images/hengxie_19.jpg> </TD>
    <TD vAlign=top><BR>
      <TABLE height=241 cellSpacing=0 cellPadding=0 width=540 border=0>
        <TBODY>
        <TR>
          <TD width=29> </TD>
          <TD width=511 valign="top" ><table width="450" border="1" align="center" cellpadding="4"
cellspacing="1" bordercolor="#00C4FE" bgcolor="#FFFFFF" style="filter:
progid:DXImageTransform.Microsoft.Shadow(Color=#0060AB,Direction=120,strength=8)">
            <tr>
              <td width="104">产品名称</td>
              <td width="76">                单价</td>
              <td width="93">月生产量</td>
              <td width="130">配套厂商名称</td>
            </tr>
            <tr>
              <td>油烟机网罩</td>
              <td>200</td>
              <td>6万</td>
              <td>樗花</td>
```

图 4-17　设置阴影表格的代码

4. 制作立体表格

步骤：01 创建表格。

步骤：02 选中表格，在"属性"面板中设置边框值为 1，边框颜色为白色。

步骤：03 在保持表格选中的状态下单击，从弹出菜单中选择"编辑标签<table>"命令，单击窗口左边的"浏览器特定的"选项，设置"边框颜色亮"的颜色为灰色。

提示

所谓的"立体"效果是由光照和阴影体现的。

项目拓展

使用表格制作 1 像素的直线。

原始文件:04\原始文件\4.1\index.html 最终文件:04\最终文件\4.1\index.html

实训一 插入产品供应商的联络表

实训目的： 掌握在文档中插入表格的方法。

实训内容： 新建文档"connection.htm"，在页面中插入一个产品供应商的联络表。

实训二 制作"课题研究"的网页

实训目的：

（1）掌握表格边框颜色、背景颜色的设置方法。

（2）掌握在表格中使用背景图片的方法。

实训内容： 新建文档 index.html，制作如图 4-16 所示的页面。

最终文件:04\最终文件\4.2\index.html

小 结

本项目主要介绍了表格的应用，从创建表格、编辑表格、表格的应用技巧等方面详细阐述了表格的功能，并在制作首页中充分应用了表格布局的功能，制作出完整精美的网页文件。

项目 5 HTML 简介

学习目标

（1）了解 HTML 的语法结构。

（2）认识 HTML 的基本标记。

（3）熟悉 HTML5 简介。

任务 1 初识 HTML

HTML，即超文本标记语言，是目前 Internet 上用于编写网页的主要语言，之所以称为超文本，是因为文本中包含了所谓的"超链接"点，这也是 HTML 获得广泛应用的最重要的原因之一。但它并不是一种程序设计语言，而是一种规范、一种标准，通过标记符号来标记网页中要显示的各个部分。网页文件本身是一种文本文件，通过在文本文件中添加标记符，来告诉浏览器如何显示其中的内容（如：文字如何处理、画面如何安排、图像如何显示等）。

HTML 文件是一种可以用任何文本编辑软件创建的 ASCII 码文件。常见的文本编辑软件如"记事本""写字板"等都可以编写 HTML 文件，在保存时以.htm 或.html 作为文件的扩展名。当使用浏览器打开这些文件时，浏览器对文件进行解释，浏览者就可以从浏览器窗口中看到网页要显示的内容。

浏览器按顺序阅读网页文件，然后根据标记符解释和显示其标记的内容，对书写出错的标记将不指出其错误，且继续执行解释过程。网页制作者只能通过显示效果来分析出错原因和出错位置。需要注意的是，不同的浏览器对同一标记符可能会有不完全相同的解释，因而可能会有不同的显示结果。

HTML 不是一种编程语言，而是一种标记语言。标记语言是一套标记标签，HTML 就是使用标记标签来描述网页的。

任务 2 创建一个 HTML 文件

人们经常使用网页这个概念，实际上，网页就是一个文件，这个文件是利用 HTML 写成的，所以又被称为 HTML 文件，HTML 文件的本质就是一个文本文件，只是扩展名为.html 或.htm 的文本文件。团此，可以利用任何文本编辑软件创建、编辑 HTML 文件。在 Windows 操作系统中，最简单的文本编辑软件就是 NotePad（记事本）。

HTML 文件的创建方法非常简单，具体的操作步骤如下。

步骤: 01 选择"开始"→"程序"→"附件"→"记事本"命令。

步骤: 02 在打开的记事本窗口中写入如下代码，如图 5-1 所示。

```
<html>
<head>
<title>test</title>
</head>
<body>
互联网，我来了!
</body>
</html>
```

步骤: 03 编写完成后保存该文档。选择记事本中的"文件"→"保存"命令，在"保存类型"下拉列表中选择"所有文件"选项，然后在"文件名"文本框中输入文件名，并以.htm 或者.html 作为文件名的扩展名，如图 5-2 所示。

图 5-1 页面代码

图 5-2 保存成网页文件

步骤: 04 单击"开始"→"程序"→"Internet Explorer"命令，打开网页浏览器。单击"文件"→"打开"命令，弹出如图 5-3 所示的对话框。

步骤: 05 单击"浏览"按钮，找到刚才建立的文件，单击"确定"按钮，网页显示如图 5-4 所示。

图 5-3 "打开"对话框

图 5-4 浏览效果

如果在步骤 03 中不改成"所有文件",记事本程序会自动在文件名后面加上.txt 的扩展名,这样浏览器就不会把这个文件当作网页文件对待了。

任务 3　HTML 的基本语法结构

1. 标记和属性

HTML 文件由标记和被标记的内容组成。标记被封装在"<"和">"所构成的一对尖括号中,如<P>,在 HTML 中标识段落。标记分为单标记和双标记。双标记用一对标记对所标识的内容进行控制,包括开始标记符和结束标记符;而单标记则不需要标记符成对出现。这两种标记的格式如下。

单标记格式:<标记>内容

双标记格式:<标记>内容</标记>

标记规定的是信息内容,但标记中的文本、图像等信息内容将怎样显示,还需要在标记后面加上相关的属性来指定。标记的属性用来描述对象的特征,控制标记内容的显示和输出格式。标记通常都有一系列属性。设置属性的一般语法结构为:

<标记　属性 1=属性值　属性 2=属性值……>内容</标记>

例如,要将页面中段落文字的颜色设置为红色,则应设置其 color 属性的值为 red,具体格式是:

<p color=red>内容</p>

需要说明的是,并不是所有的标记都有属性,如换行标记
就没有属性。一个标记可以有多个属性,在实际使用时可根据需要设置其中一个或多个属性,这些属性之间没有先后顺序之分。

2. HTML 文件结构

HTML 文件必须以<html>标记开始,以</html>标记结束,其他标记都包含在这里面。在这两个标记之间,主要包括 HTML 文件的文件头和文件体两个部分。下面以一个简单的网页为例来说明。

打开"记事本"程序,输入以下内容,输入后的结果如图 5-5 所示。

```
<html>
<head>
<title>欢迎光临我的小站! </title>
</head>
<body>
<center> <font size= 5 color= blue > 借一场花开, 躲一场人海 </font> </center>
</body>
</html>
```

然后执行"文件"→"另存为"命令,弹出"另存为"对话框,在"保存类型"的下拉列表框里选择"所有文件"选项。否则,它将被保存为纯文本文件,而不是 HTML 文件。

将输入的内容保存成名为 index.htm 的 HTML 文件，也可以命名为 index.html，然后设置保存路径并保存。双击保存的 HTML 文件，在浏览器中打开，如图 5-6 所示。

图 5-5　添加代码

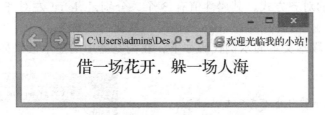

图 5-6　打开制作的网页

可以看到，整个文档内容包含在 HTML 标记中。<html>和</html>成对出现，<html>处于文件的第一行，表示文档的开始，</html>位于文件最后一行，表示文档的结束。

文件头部用<head>标记标识，处于第二层。<head>和</head>成对出现，包含在<html>和</html>中。<head>和</head>之间包含的是文件标题标记，它处于第三层。网页的标题内容"欢迎光临我的小站"写在<title>与</title>之间。文件头部分用于对网页信息进行说明，在文件头部分定义的内容通常不在浏览器窗口中出现。

文件体部分用<body>标记标识，它也处于第二层，包含在<html>标记内，在层次上和文件头标记并列。网页的内容，如文字、图片、动画等就写在<body>和</body>之间，它是网页的核心。从图 5-6 中可以看到，浏览器顶端标题栏中显示的文字就是网页的标题，是<title>和</title>之间的内容；而源代码<body>和</body>之间的内容显示在浏览器窗口中。

任务 4　HTML 的基本标记

1. 文本标记

在 HTML 中，使用<hn>标记来标识文档中的标题和副标题，n 代表从 1～6 的数字，数字越大所标记的标题字号越小。

用<hn>标记设置标题的示例代码如下，在浏览器中的显示效果如图 5-7 所示。

```
<html>
<head>
<title>网页设计</title>
</head>
<body>
<h1>标题文字 h1</h1>
```

```
<h2>标题文字 h2</h2>
<h3>标题文字 h3</h3>
<h4>标题文字 h4</h4>
<h5>标题文字 h5</h5>
<h6>标题文字 h6</h6>
</body>
</html>
```

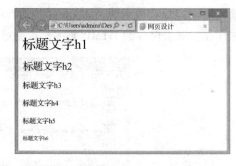

图 5-7　标题文字标记运行效果

2．段落标记

段落文本使用<p>标记定义，文本内容写在开始标记<p>和结束标记</p>之间。属性 align 可以用来设置段落文本的对齐方式，其属性值有 3 个，分别是 left（左对齐）、center（居中对齐）、right（右对齐）。当没有设置 align 属性时，默认为左对齐。

用<p>标记设置段落文本的示例代码如下，在浏览器中的显示效果如图 5-8 所示。

```
<html>
<head>
<title>段落文字的对齐方式</title>
</head>
<body>
<p  >段落文本</p>
<p  align="left">段落文本</p>
<p  align="center">段落文本</p>
<p  align="right">段落文本</p>
</body>
</html>
```

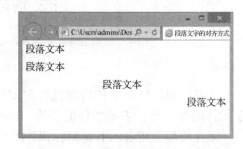

图 5-8　段落文本标记运行效果

可以用来进行段落处理的还有强制换行标记
。
标记放在一行的末尾，可以使后面的文字、图片、表格等显示于下一行。它和<p>标记的区别是，用
标记分开的两行之间不会有空行，而<p>标记却会有空行。

例如输入以下代码：

```
<html>
<head>
<title>强制换行标记</title>
</head>
<body>
<p>段落文本</p>
<p>段落文本</p>
强制换行标记<br/>强制换行标记
</body>
</html>
```

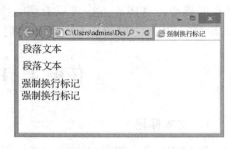

图 5-9　强制换行标记运行效果

在浏览器中的显示效果如图 5-9 所示。

3．文本格式标记

文本显示的格式使用<font>标记来标识。<font>标记常用的属性有 3 个，size 用来设置文本字号大小，取值是 0 ~ 7；color 用来设置文本颜色，取值是十六进制表示的 RGB 颜色；face 用来设置字体，取值可以是宋体、黑体等。

用<font>标记设置文本格式的示例代码如下。

```
<html>
<head>
<title>文本格式标记</title>
</head>
<body>
<font  size="3">这是 size="3"的文本</font><br  />
<font  size="6">这是 size="6"的文本</font><br  />
<font  color="#000000">这是 color="#000000"的文本</font><br  />
<font  color="red">这是 color="red"的文本</font><br  />
<font  face="黑体">这是 face="黑体"的文本</font><br  />
<font  face="宋体">这是 face="宋体"的文本</font><br  />
</body>
</html>
```

在浏览器中的显示效果如图 5-10 所示。

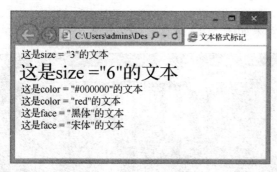

图 5-10　文本格式标记运行效果

为了让文字格式有变化，或者为了强调某部分文字，可以设置其他的文本格式标记，有以下几种标记。

```
<b>  </b>   文本以加粗形式显示
<i>  </i>   文本以斜体形式显示
<u>  </u>   文本加下画线显示
<strong>  </strong>  文本加重显示（通常是黑体加粗）
```

用文本格式标记来设置文本格式的示例代码如下。

```
<html>
<head>
<title>文本格式标记</title>
</head>
<body>
<b>加粗字</b><br  />
<i>斜体字</i><br  />
<u>加下画线</u><br  />
<strong>强调文本</strong>
</body>
</html>
```

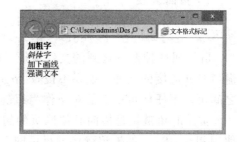

在浏览器中的显示效果如图 5-11 所示。　　　　图 5-11　文本格式标记运行效果

4．图像标记

在页面中插入图像使用<img>标记。<img>是单向标记，不成对出现，如：<img　src="image01.jpg">。src 属性用来设置图像所在的路径和文件名。图像标记常用的属性还有 width 和 height，分别用来设置图像的宽和高。另外，alt 也是常用属性，用来设置替代的文字，这样，当浏览器尚未完全读入图像时，或浏览器不支持图像显示时，在图像位置将显示这些文字。

图像标记的使用示例，代码如下。

```
<html>
<head>
<title>图像标记</title>
</head>
<body>
<img src="images/1.jpg" alt="image3" width="950" height="336" />
</body>
</html>
```

在浏览器中的显示效果如图 5-12 所示。

图 5-12　图像标记运行效果

5．超链接标记

超链接是指从一个页面跳转到另一个页面，或者是从页面的一个位置跳转到另一个位置的链接关系，它是 HTML 的关键技术。链接的目标除了页面还可以是图片、多媒体、电子邮件等。有了超链接，各个孤立的页面才可以相互联系起来。

1）页面链接

在 HTML 中创建超链接需要使用<a>标记，具体格式是：

```
<a href="URL" target="_blank">链接</a>
```

href 属性控制链接到的文件地址，target 属性控制目标窗口。target="_blank"表示在新窗口打开链接的文件，如果不设置 target 属性则表示在原窗口打开链接文件。在<a>和</a>之间可以用任何可单击的对象作为超链接的源，如文字或图像。

常见的超链接是指向其他网页的超链接，如果超链接的目标网页位于同一站点，可以使用相对 URL；如果超链接的目标网页位于其他位置，则需要使用绝对 URL。例如，以下的 HTML 代码分别显示了创建绝对超链接和相对超链接的方法。

```
<a  href="http://www.baidu.com" >百度搜索</a>
<a  href="test2.htm" >网页 test2</a>
```

2）锚记链接

如果要对同一网页的不同部分进行链接，需要建立锚记链接。设置锚记链接，首先应为页面中要跳转到的位置命名。命名时使用<a>标记的 name 属性。此处<a>与</a>之间可以包含内容，也可以不包含内容。

例如，在页面开始处用以下语句进行标记。

```
<a  name="top"  >顶部</a>
```

对页面进行标记后，可以用<a>标记设置指向这些标记位置的超链接。如果在页面开始处标记了"top"，则可以用以下语句进行链接。

```
<a  href="#top"  >返回顶部</a>
```

这样设置后，当用户在浏览器中单击文字"返回顶部"时，将显示"顶部"文字所在的页面内容。

要注意的是，应用锚记链接时要将其 href 的值指定为符号#接锚记名称的形式。如果将 href 的值指定为一个单独的#，则表示空链接，不做任何跳转。

3）电子邮件链接

如果将 href 属性的值指定为"mailto:电子邮件地址"，则可以获得指向电子邮件的超链接。例如，使用以下 HTML 代码可以设置电子邮件超链接。

```
<a  href="mailto:it_book@126.com"  >it_book 的邮箱</a>
```

当浏览用户单击该超链接后，系统将自动启动邮件客户程序，并将指定的邮件地址填写到"收件人"栏中，此时用户可以编辑并发送邮件。

6. 列表标记

列表分为有序列表、无序列表和定义列表。有序列表是指带有序号标志（如数字）的列表；没有序号标志的列表为无序列表；定义列表则用于对列表项做出解释。

1）有序列表

有序列表的标记是<ol>，其列表项标记是<li>，具体格式是：

```
<ol  type="序号类型">
<li>列表项 1 </li>
<li>列表项 1 </li>
<li>列表项 1 </li>
</ol>
```

type 属性可取的值有以下几种。

（1）1：序号为数字。

（2）A：序号为大写英文字母。

（3）a：序号为小写英文字母。

（4）I：序号为大写罗马字母。

（5）i：序号为小写罗马字母。

使用有序列表的示例代码如下。

```
<html>
<head>
<title>有序列表</title>
```

```
</head>
<body>
<ol>
<li>文字 </li>
<li>图像 </li>
<li>表格 </li>
<li>表单 </li>
</ol>
<ol type="A">
<li>文字 </li>
<li>图像 </li>
<li>表格 </li>
<li>表单 </li>
</ol>
</body>
</html>
```

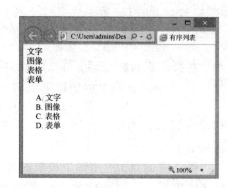

图 5-13　有序列表运行效果

在浏览器中的显示效果如图 5-13 所示。

2）无序列表

无序列表的标记是<ul>，其列表项标记是<li>，具体格式是：

```
<ul type="符号类型">
<li>列表项 1 </li>
<li>列表项 1 </li>
<li>列表项 1 </li>
</ul>
```

type 属性控制的是列表在排序时所使用的字符类型，可取的值有以下几种。

（1）disc：符号为实心圆。

（2）circle：符号为空心圆。

（3）square：符号为实心方点。

使用无序列表的示例代码如下。

```
<html>
<head>
<title>无序列表</title>
</head>
<body>
<ul type="circle">
<li>文字 </li>
<li>图像 </li>
<li>表格 </li>
</ul>
<ul type="disc">
<li>文字 </li>
<li>图像 </li>
<li>表格 </li>
```

```
</ul>
<ul type="square">
<li>文字 </li>
<li>图像 </li>
<li>表格 </li>
</ul>
</body>
</html>
```

在浏览器中的显示效果如图 5-14 所示。

3）定义列表

定义列表用在对列表项目进行简短说明的情况，具体格式是：

图 5-14　无序列表运行效果

```
<dl>
<dt></dt>
<dd></dd>
</dl>
```

定义列表在 HTML 中的标记是<dl>，列表项的标记是<dt>和<dd>。<dt>标记所包含的列表项目标识一个定义术语，<dd>标记包含的列表项目是对定义术语的定义说明。举个例子，在网页代码中插入下面的代码：

```
<dl>
<dt>www</dt>
<dd>World Wide Web 的缩写</dd>
<dt>cn</dt>
<dd>域名的后缀</dd>
</dl>
```

图 5-15　定义列表运行效果

在浏览器中的显示效果如图 5-15 所示。

7. 表格标记

表格的主要用途是显示数据，它是进行信息管理的有效手段。表格通常由 3 部分组成，即行、列和单元格。使用表格会用到 3 个标记，即<table><tr><td>。<table>标识表格对象，<tr>标识表格中的行，<td>标识单元格，<td>必须包含在<tr>标记内。具体格式是：

```
<table>
<tr><td>表项目 1</td>……<td>表项目 n</td></tr>
……
<tr><td>表项目 1</td>……<td>表项目 n</td></tr>
</table>
```

表格的属性设置，如宽度、边框等包含在<table>标记内。如果要在页面中创建一个 3 行、3 列，宽度为 400，边框为 1 的表格，其示例代码如下。

```
<table width="400" border="1">
<tr>
<td>姓名</td>
<td>学号</td>
<td>成绩</td>
</tr>
```

```
<tr>
<td>张三</td>
<td>2015001</td>
<td>98</td>
</tr>
<tr>
<td>李四</td>
<td>2015002</td>
<td>100</td>
</tr>
</table>
```

图 5-16　表格标记的运行效果

将上述代码插入网页文件后，在浏览器中的显示效果如图 5-16 所示。

<table><tr>和<td>三者是组成表格最基本的标记，此外还有以下可用于表格的标记。

1）caption

<caption>标记用于定义表格标题，它可以为表格提供一个简短的说明。说明文本要插入在<caption>标记内，<caption>标记必须包含在<table>标记内，显示的时候表格标题显示在表格的上方中央。

2）th

<th>标记用于设定表格中某一表头的属性，适当标出表格中行或列的头可以让表格更有意义。<th>标记必须包含在<tr>标记内，用来替代<td>标记。

下例将制作一个课程表表格，代码如下。

```
<html>
<head>
<title>表格标记</title>
</head>
<body>
<table  width="400"  border="1">
<caption>课程表</caption>
<tr>
<td> </td>
<td>星期一</td>
<td>星期二</td>
<td>星期三</td>
<td>星期四</td>
<td>星期五</td>
</tr>
<tr>
<th>上午</th>
<td>语文</td>
<td>数学</td>
<td>语文</td>
<td>数学</td>
<td>语文</td>
</tr>
```

```
<tr>
<th>下午</th>
<td>英语</td>
<td>化学</td>
<td>体育</td>
<td>物理</td>
<td>生物</td>
</tr>
</table>
</body>
</html>
```

在浏览器中的显示效果如图 5-17 所示。

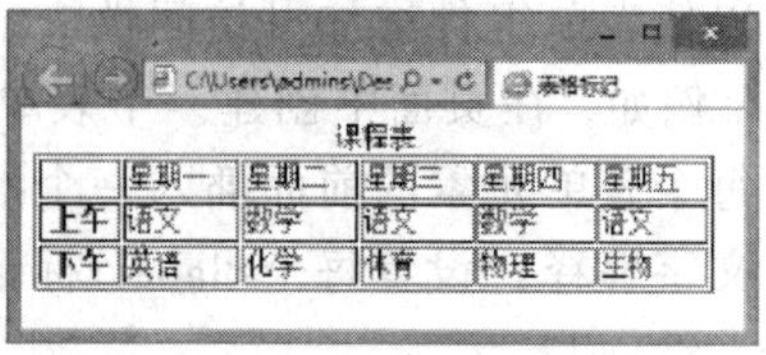

图 5-17　表格标记的运行效果

8．表单标记

表单在网络中的应用范围非常广，可以实现很多功能，如网站登录、账户注册等。表单是网页上的一个特定区域，这个区域由一对<form>标记定义。<form>标记声明表单，定义了采集数据的范围，也就是说，<form>与</form>里面包含的数据将被提交到服务器。组成表单的元素很多，常用的有文本框、单选按钮、复选框和按钮等。多数表单元素都由<input>标记定义，表单的构造方法则由 type 属性声明。不过下拉菜单和多行文本框这两个表单元素是例外。常用的表单元素有下面几种。

1）文本框

文本框用来接收任何类型的文本的输入。文本框的标记为<input>，其 type 属性为 text。

2）复选框

复选框用于选择数据，它允许用户在一组选项中选择多个选项。复选框的标记也是<input>，它的 type 属性为 checkbox。

3）单选按钮

单选按钮也用于选择数据，不过在一组选项中只能选择一个选项。单选按钮的标记是<input>，它的 type 属性为 radio。

4）提交按钮

在单击提交按钮后，表单内容将被提交到服务器。提交按钮的标记是<input>，它的 type 属性为 submit。

提示

除了提交按钮，预定义的还有重置按钮。此外，制作者还可以通过自定义按钮赋予按钮其他功能。

5）多行文本框

多行文本框的标记是<textarea>，它可以创建一个对数据的量没有限制的文本框。通过 rows 属性和 cols 属性可定义多行文本框的宽和高，当输入内容超过其范围，该元素会自动出现一个滚动条。

6）下拉菜单

下拉菜单在一个滚动列表中显示选项值，用户可以从滚动列表中选择选项。下拉菜单的标记是<select>，它的选项内容用<option>标记定义。

9. 常用的表单标记

1）label

使用<label>标记可将文本与其他任何 HTML 对象或内部控件关联起来。无论用户单击<label>标识的文本还是 HTML 对象，引发和接收事件的行为是一致。要使<label>标识的文本和 HTML 对象相关联，需将<label>的 for 属性设置为 HTML 对象的 ID 属性。<label>标记可以使表单组件增加可访问性。

例如，在页面中创建一个表单域，插入文本框、多行文本框和提交按钮 3 个表单元素。在每个表单元素的前面插入一个<label>标记，<label>标记内的文本为其后对应的表单元素的文字解释。设置每个<label>标记的 for 属性为对应表单元素的 ID。具体代码如下。

```
<html>
<head>
<title>表单标记</title>
</head>
<body>
<form   method="post">
<label   for="name">姓名</label>
<input   name="name" type="text" id="name"   /><br   />
<label   for="comment">评论</label>
<textarea cols="30" rows="5" name="comment" id="comment" >
</textarea><br   />
<label   for="submit"></label>
<input   name="submit" type="submit" id="submit" value="提交"   />
</form>
</body>
</html>
```

在浏览器中的显示效果如图 5-18 所示。此时<label>标识的文本和表单元素相关联，单击文本和单击相应的表单元素引发的事件相同。

2）fieldset

<fieldset>标记元素可以给<form>标记内的表单元素分组。一般情况下，在 CSS 中创建容器需要一个<div>标记,但使用<fieldset>标记可以在表单域内创建一个完美的容器。

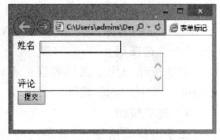

图 5-18   label 标记的运行效果

默认情况下，<fieldset>标记在内容周围画一个简单的边框，以定义分组的表单内容。

例如，在页面中创建一个表单，插入两对<fieldset>标记，将表单内容分成两组，代码如下。

```
<html>
<head>
<title>表单标记</title>
</head>
<body>
<form   method="post">
<fieldset  class="fieldset">
```

```
<label  for="name">姓名</label>
<input  name="name" type="text"  id="name"  /><br  />
<label  for="comment">评论</label>
<textarea  cols="30"  rows="5"  name="comment"  id="comment"  >
</textarea><br  />
</fieldset>
<fieldset  class="fieldset">
<label  for="name">姓名</label>
<input  name="name" type="text"  class="text1"  id="name"  />
<br  /><label  for="comment">评论</label>
<textarea  cols="30"  rows="5"  name="comment"  id="comment"  >
</textarea><br  />
</fieldset>
<label  for="submit"></label>
<input  name="submit"  type="submit"  id="submit"  value="提交"  />
</form>
</body>
</html>
```

查看浏览效果，将如图 5-19 所示。两对<fieldset>标记将表单元素分成两组，两个组周围分别有一个简单的矩形边框。

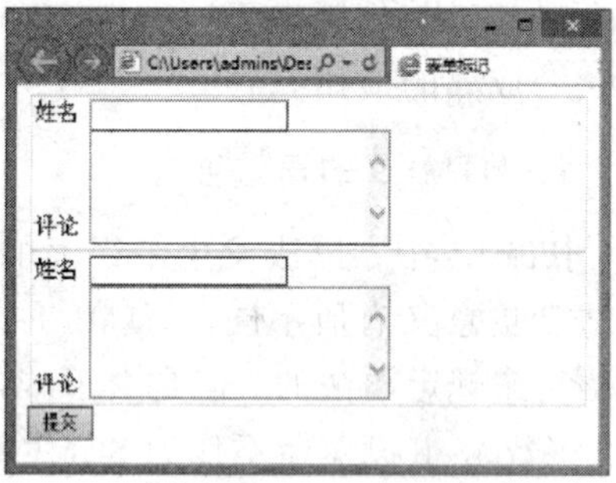

3）legend

<legend>标记的功能和表格中<caption>标记的功能相似，可用来描述它的父元素<fieldset>标记内的内容。一般情况下，浏览器会将<legend>标记内的文本放置在<fieldset>所标识对象边框的上方。

在上面例子的基础上，在两对<fieldset>标记内插入<legend>标记，并将描述文本放置在<legend>标记内，代码如下。

图 5-19　<fieldset>标记的运行效果

```
<html>
<head>
<title>表单标记</title>
</head>
<body>
<form  method="post">
<fieldset  class="fieldset">
<legend>评论 1</legend>
<label  for="name">姓名</label>
<input  name="name" type="text"  id="name"  /><br  />
<label  for="comment">评论</label>
<textarea  cols="30"  rows="5"  name="comment"  id="comment"  >
</textarea><br  />
</fieldset>
<fieldset  class="fieldset">
<legend>评论 2</legend>
<label  for="name">姓名</label>
```

```
<input  name="name"  type="text"  class="text1"  id="name"  />
<br  /><label  for="comment">评论</label>
<textarea  cols="30"  rows="5"  name="comment"  id="comment"  >
</textarea><br  />
</fieldset>
<label  for="submit"></label>
<input  name="submit"  type="submit"  id="submit"
value="提交"  />
</form>
</body>
</html>
```

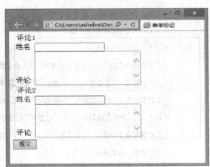

查看浏览效果，如图 5-20 所示。两对<fieldset>标记
将表单内容分成两组，<legend>标记内的描述文本放置在
<fieldset>标识对象边框的上方。

图 5-20 <legend>标记的运行效果

任务 5　HTML5 简介

从广义上来说，HTML5 实际上指的是包括 HTML、CSS 和 JavaScript 在内的一套技术
组合。和以前的版本不同，HTML5 并非仅仅用来标识 Web 内容，它的新使命是将 Web 带
入一个成熟的应用平台。

1．HTML5 的语法变化

HTML5 中，语法发生了很大的变化。但是，HTML5 的"语法变化"和其他编程语言的
语法变更意义有所不同。HTML 原本是通过 SGML（Standard Generalized Markup Language）
元语言来规定语法的。但是由于 SGML 的语法非常复杂，文档结构解析程序的开发也不太容
易，多数 Web 浏览器不作为 SGML 解释器运行。因此，HTML 规范中虽然要求"应遵循 SGML
的语法"，实际情况却是，对于 HTML 的执行在各浏览器之间并没有一个统一的标准。

在 HTML5 中，提高 Web 浏览器间的兼容性是 HTML5 要实现的重大目标。要确保兼容
性，必须消除规范与实现的背离。因此，HTML5 需要重新定义新的 HTML 语法，即规范向
实现靠拢。

由于文档结构解析的算法也有详细的记载，使得 Web 浏览器厂商可以专注于遵循规范
去进行实现工作。在新版本的 FireFox 和 WebKit（Nightly Builder 版）中，已经内置了遵
循 HTML5 规范的解释器。

2．HTML5 中的标记方法

HTML5 中的标记方法有 3 种。

1）内容类型（ContentType）

HTML5 的文件扩展名与内容类型保持不变。也就是说，扩展名仍然为.html 或.htm，内
容类型仍然为 text/html。

2）DOCTYPE 声明

DOCTYPE 声明是 HTML 文件中必不可少的，它位于文件第一行。在 HTML4 中，
DOCTYPE 声明的方法如下。

```
<!DOCTYPE html PUBLI"-//W3C//DTD  XHTML  1.0Transitional//EN"
"http://www.w3.org/TR/xhtml1/DTD/xhtml1-transitional.dtd">
```

在 HTML5 中，刻意不使用版本声明，声明文档将会适用于所有版本的 HTML。HTML5 中的 DOCTYPE 声明方法（不区分大小写）如下。

```
<!DOCTYPE html>
```

另外，当使用工具时，也可以在 DOCTYPE 声明方式中加入 SYSTEM 识别符，声明方法如下。

```
<!DOCTYPE HTML SYSTEM"about: legacy-compat">
```

提 示

在 HTML5 中，DOCTYPE 声明方式允许不区分英文大小写，引号不区分是单引号还是双引号。

3）字符编码的设置

字符编码的设置方法有新的变化。在以往设置 HTML 文件的字符编码时，要用到如下 <meta>标记。

```
<meta http-equiv="Content-Type" content="text/html;charset=UTF-8">
```

在 HTML5 中，可以使用<meta>标记的新属性 charset 来设置字符编码，如下面的代码所示。

```
<meta charset="UTF-8">
```

以上两种方法都有效，因此也可以继续使用前者的方法（通过 content 属性来设置），但要注意不能同时使用。

3．HTML5 中新增加的标记

1）section

<section>标记标识页面中如章节、页眉、页脚或页面中其他部分的一个内容区块。

语法格式：<section>…</section>

示例：

```
<section> 欢迎学习 HTML 5 </section>
```

2）article

<article>标记标识页面中的一块与上下文不相关的独立内容，如博客中的一篇文章或报纸中的一篇文章。

语法格式：<article>…</article>

示例：

```
<article>HTLM 5 华丽蜕变</article>
```

3）aside

<aside>标记用于标识<article>标记内容之外的，并且与<article>标记内容相关的一些辅助信息。

语法格式：<aside>…</aside>

示例：

```
<aside>HTML 5 将开启一个新的时代</aside>
```

4）header

<header>标记标识页面中一个内容区块或整个页面的标题。

语法格式：<header>...</header>

示例：

```
<header>  HTML  5 应用与开发指南</header>
```

5）hgroup

<hgroup>标记用于组合整个页面或页面中一个内容区块的标题。

语法格式：<hgroup>...</hgroup>

示例：

```
<hgroup>系统功能管理</hgroup>
```

6）footer

<footer>标记标识整个页面或页面中一个内容区块的脚注。

语法格式：<footer>...</footer>

示例：

```
<footer>李彬<br/>
135*******1<br/>
2010-9-1
</footer>
```

7）nav

<nav>标记用于标识页面中导航链接的部分。

语法格式：<nav></nav>

8）figure

<figure>标记标识一段独立的流内容。一般标识文档主体流内容中的一个独立单元。

语法格式：<figure>...</figure>

示例：

```
<figure>
<figcaption>HTML5</figcaption>
<p>HTML5 是当今最流行的网络应用技术之一</p>
</figure>
```

9）video

<video>标记用于定义视频，如电影片段或其他视频流。

语法格式：<video>...</video>

示例：

```
<video src="movie.ogv", controls="controls">video 标记应用示例</video>
```

10）audio

在 HTML5 中，<audio>标记用于定义音频，例如音乐或其他音频流。

语法格式：<audio>...</audio>

示例：

```
<audio  src="someaudio.wav">audio 标记应用示例</audio>
```

11）embed

<embed>标记用来插入各种多媒体。多媒体文件的格式可以是 Midi、WAV、AIFF、AU 和 MP3 等。

语法格式：<embed/>

示例：

```
<embed  src="horse.wav"/>
```

12）mark

<mark>标记主要用于呈现需要突出显示或高亮显示的文字。

语法格式：<mark>...</mark>

示例：

```
<mark>HTML5 技术的应用</mark>
```

13）progress

<progress>标记标识运行中的进程，可以使用<progress>标记来显示 JavaScript 中耗费时间函数的进程。

语法格式：<progress>...</progress>

14）meter

<meter>标记定义度量衡，仅用于已知最大值和最小值的度量。

语法格式：<meter>...</meter>

15）time

<time>标记标识日期或时间，也可以同时标识两者。

语法格式：<time>...</time>

16）wbr

<wbr>标记标识软换行。<wbr>标记与
标记的区别是，
标记表示此处必须换行；而<wbr>标记的意思是浏览器窗口或父级元素的宽度足够宽时（没必要换行时），不进行换行，而当宽度不够时，主动在此处进行换行。<wbr>标记对英文这类拼音型语言的作用很大，但是对于中文却没多大用处。

语法格式：...<wbr>...

示例：

```
<p>To learn AJAX,you must be fami<wbr>liar with the XMLHttp<wbr>Request-
Object. </p>
```

17）canvas

<canvas>标记用于标识图形，如图表和其他图像。这个标记本身没有行为，仅提供一块画布，但它把一个绘图 API 展现给客户端 JavaScript，以使脚本能够把要绘制的图像绘制到画布上。

语法格式：<canvas></canvas>

示例：

```
<canvas  id="myCanvas"width="300"height="300"></canvas>
```

18）command

<command>标记标识命令按钮，如单选按钮或复选框。

示例：

```
<command  onclick="cut()"label="cut">
```

19）details

<details>标记通常与<summary>标记配合使用，标识用户要求得到并且可以得到的细节信息。<summary>标记提供标题或图例。标题是可见的，用户单击标题时，会显示出细节

信息。<summary>标记是<details>标记的第一个子标记。

语法格式：<details>...</details>

示例：

```
<details>
<summary>HTML 5 应用实例</summary>
本节将教您如何学习和使用 HTML5
</details>
```

20）datalist

<datalist>标记用于标识可选数据的列表。<datalist>标记通常与<input>标记配合使用，可以制作出具有输入值的下拉列表。

语法格式：<datalist>...</datalist>

除了以上这些之外，还有<datagrid><keygen><output><source><menu>等标记，这里就不再一一讲解了，有兴趣的读者可以阅读 HTML5 专业书籍进行学习。

4．HTML5 中新增加的属性

HTML5 新增了很多属性，下面简单介绍其中一些属性。

1）表单相关属性

（1）autofocus 属性。该属性可以用在<input>(type=text)、<select>、<textarea>与<button>标记当中。autofocus 属性可以让标识对象在打开画面时自动获得焦点。

（2）placeholder 属性。该属性可以用在<input>标记(type=text)和<textarea>标记当中。使用该属性时会对用户的输入进行提示，通常用于提示用户可以输入的内容。

（3）form 属性。该属性用在<input><output><select><textarea><button>和<fieldset>标记当中。

（4）required 属性。该属性用在<input>标记(type=text)和<textarea>标记当中。该属性在用户提交表单时进行检查，检查该标记对象内一定要有输入内容。

formaction、formenctype、formmethod、formnovalidate 与 formtarget，这些属性可以用在<input>标记与<button>标记中，用来重载<form>标记的 action、enctype、method、novalidate 与 target 属性。

（5）novalidate 属性。该属性可以用在<input><button>和<form>标记中，用来取消提交时进行的有关检查，即表单可以被无条件地提交。

2）与链接相关的属性

（1）media 属性。该属性用在<a>与<area>标记中，用来规定目标 URL 是用什么类型的媒介进行优化。

（2）hreflang 属性与 rel 属性。用在<area>标记中，以保持与<a>标记、<link>标记的一致性。

（3）sizes 属性。用在<link>标记中，用于指定关联图标（icon 标识）的大小，通常可以与<icon>标记结合使用。

（4）target 属性。用在<base>标记中，主要目的是保持与<a>标记的一致性。

3）其他属性

（1）charset 属性。用在<meta>标记中，为文档字符编码的指定提供一种良好的方式。

（2）type 和 label 属性。用在<meta>标记中。label 属性为菜单定义一个可见的标注，type 属性可以使菜单以上下文菜单、工具条或列表菜单 3 种形式出现。

（3）scoped 属性。用在<style>标记中，用来规定样式的作用范围。

（4）async 属性。用在<script>标记中，用于定义脚本是否异步执行。

任务 6　网页中多媒体的应用

1. 网页中加入声音

可分为两种情况：一种是浏览页面时自动播放背景声音；另一种是由访问者控制声音的播放。

1）自动播放声音

```
<bgsound src="声音文件"  loop=数字>
```

其中声音文件为 WAV 或 MID 文件，通过 loop 属性值设定循环播放次数。如果需要无限次的播放，则将 loop 值设为 infinite。

2）由用户控制声音的播放（通过超链接实现）

```
<a herf ="声音文件">链接提示</a>
```

示例：播放声音文件的 HTML 代码如下，效果如图 5-21 所示。

```
<html>
<head>
    <title> 声音播放 </title>
<body>
    正在播放背景音乐，连续播放三遍
    <bgsound src="media\ding.wav" loop=3>
    <p>单击 <a href="media\notify.wav">声音</a>播放
</body>
</html>
```

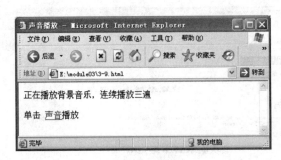

图 5-21　网页效果

2. 网页中加入电影

```
<img dynsrc="影视文件名" start=n1 loop=n2 loopdelay=n3 controls>
```

影视文件名一般为 AVI 格式的文件。

start：控制影视文件如何开始播放，n1 的值为 fileopen 时表示当页面一打开就播放，值为 mouseover 时表示当鼠标移到播放区域时才播放。默认值为 fileopen。

loop：设置播放次数，n2 的值为整数或 infinite，当其值为 infinite 时，表示将一直不停地循环播放下去。

loopdelay：设置前后两次播放之间的间隔时间，n3 的单位是毫秒。

controls：显示视频播放控制条，以便用户控制视频的播放。

示例：播放影视文件的 HTML 代码如下。

```html
<html>
    <head>
        <title> 视频播放 </title>
<body>
        在线看电影
        <img dynsrc="media\ speedis.avi" control>
    </body>
</html>
```

项目拓展 滚动字幕的制作

`<marquee>字符串</marquee>`

属性如下：

方向：`<direction=#>` #=left,up,right,down

循环：`<loop=#>` #=次数；若未指定则循环不止（infinite）

速度：`<scrollamount=#>`

延时：`<scrolldelay=#>`

底色：`<bgcolor=#>`

面积：`<height=# width=#>`

鼠标放上去，滚动字幕停止,鼠标移开，滚动字幕又开始滚动：

`<marquee onmouseover=this.stop() onmouseout=this.start()>字符串</marquee>`

滚动字幕效果如图 5-22 所示。

图 5-22 滚动字幕效果

实训一　基本页面标签

实训目的：掌握基本页面标签。

实训内容：分析 HTML 标签并浏览效果。

实训二　掌握页面属性标签

实训目的：掌握页面属性标签。

实训内容：制作页面并分析 HTML 标签。

实训三　掌握文字布局标签

实训目的：掌握文字布局标签。

实训内容：分析 HTML 标签并浏览效果。

实训四　掌握链接标签

实训目的：掌握链接标签。

实训内容：分析 HTML 标记并浏览效果。

实训五　文字图片标签

实训目的：掌握文字、图片相关标签。

实训内容：分析 HTML 标签并浏览效果。

实训六　表格标签

实训目的：掌握表格标签。

实训内容：使用 HTML 标签制作表格。

小　　结

超文本标记语言（HTML）是一种用来制作超文本文档的简单标记语言。所谓超文本，即可以加入图片、声音、动画、影视等内容，可以从一个文件跳转到另一个文件，与世界各地主机的文件连接。

通过本项目的学习，学生应了解常用的 HTML 标签，并且能够在制作网页的过程中使用 HTML 标签来编辑、完善页面。

项目 **6**　超链接的设计

学习目标

（1）理解超链接和路径的概念。

（2）熟练掌握对不同载体设置超链接的方法。

（3）熟练掌握创建导航条的方法。

任务 1　创建超链接

超链接是 Web 的精华，是网页中最重要、最根本的元素之一。超链接能够使多个孤立的网页之间产生一定的相互联系，从而使单独的网页形成一个有机的整体。超链接作为网页间的桥梁，起着相当重要的作用。

1．超链接的基本概念

超链接是指站点内不同网页之间、站点与 Web 之间的链接关系，它可以使站点内的网页成为有机的整体，还能够使不同站点之间建立联系。

源端点　　　　　　　　　　　　　　　　目标端点

2．超链接的分类

在网页中超链接可以根据链接载体和链接目标的不同进行分类，下面分别介绍它们的分类信息。

（1）按链接载体分类，可以把链接分为文本链接与图像链接两大类。

① 文本链接：用文本作为链接载体，简单实用。

② 图像链接：用图像作为链接载体能使网页美观、生动活泼，它既可以指向单个的链接，也可以根据图像不同的区域建立多个链接。

（2）按链接目标分类，可以将超链接分为以下几种类型。

① 内部链接：同一网站内文档之间的链接。

② 外部链接：不同网站文档之间的链接。

③ 锚点链接：同一网页或不同网页中指定位置的链接。

④ E-mail 链接：发送电子邮件的链接，可直接单击发送电子邮件。

⑤ 执行文件链接：链接站点空间里的可执行程序，用于下载与在线运行。

3．链接路径

1）绝对路径

绝对路径是指某个文件在网络上的完整路径，包括协议、Web 服务器、路径和文件名等。简单地说，如果在浏览器地址栏中输入就能直接访问的文件地址，就可以看作绝对路径。例如，下面的地址就是绝对路径：http://www.163.com；http://www.163.com/index.asp。

2）文件相对路径

文件相对路径是指和当前文档所在的文件夹相对的路径。

使用相对路径创建内部链接时，即使站点的域名或网站的根目录发生改变时，站点内所有使用相对路径的链接都不会出现问题。另外，当在站点管理器内进行文件的重命名、文件的移动、文件夹的移动等操作时，用文件相对路径创建的链接都会动态进行更新。

3）根目录相对路径

如果要创建的是内部链接，用户还可以选择根目录相对路径。

根目录相对路径是从当前站点的根目录开始的，用斜杠"/"代表根目录，然后书写文件夹名，最后书写文件名。例如要创建到 product01.htm 的链接，任何文件中的链接地址都为"/intro/product01.htm"。

4．设置文本和图片的超链接

（1）使用"属性"面板的"链接"文本框创建链接。

步骤：01 在文档窗口中选取要设置超链接的对象（文字、图像等）。

步骤：02 展开"属性"面板，单击"链接"下拉列表框右侧的浏览文件按钮 📁 ，如图 6-1 所示。

图 6-1 设置链接

步骤：03 弹出"超链接"对话框，选择链接的目标文件，单击"确定"按钮，超链接添加成功。

（2）使用"属性"面板的"指向文件"按钮创建链接。

步骤：01 选取要设置超链接的对象。

步骤：02 在"属性"面板上中，拖拽指向文件按钮，拖拽鼠标指向窗口中的目标文档，如图 6-2 和图 6-3 所示。

图 6-2 超链接中的指向文件按钮

提 示

超链接设置成功后"属性"面板中的"目标"框变为可用状态。"目标"列表的参数如下：

（1）blank：将目标文件载入到新的未命名浏览器窗口中。

（2）parent：将目标文件载入到父框架集或包含该链接的框架窗口中。

（3）self：将目标文件载入与该链接相同的框架或窗口中。

（4）top：将目标文件载入到整个浏览器窗口并删除所有框架。

_parent、_self、_top 只有在使用框架页面时才有效。

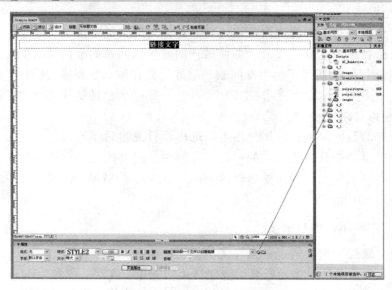

图 6-3　指向文件的操作

5．制作下载文档

如果要在网站中提供下载资料，就需要为文件提供下载链接。如果超链接指向的不是一个网页文件，而是其他文件（如.zip、.mp3 和.exe 文件等），这样单击链接时就会提示是否选择下载文件。

在"属性"面板中单击"链接"文本框右边的"浏览文件"按钮📁，如图 6-4 所示，在弹出的"选择文件"对话框中选择*.rar。

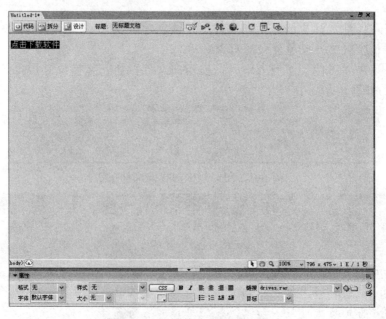

图 6-4　超链接中的浏览文件

任务 2 创建锚记链接

锚记常用于长篇文章、技术文件等内容的网页中，在网页中使用锚记来链接文章的每个段落，可以方便文章的阅读。当用户单击某一个超链接时，就可以转到相同网页中添加了锚记的特定位置，也可以跳转到其他文档中的指定位置。

1. 创建命名锚记

（1）选中要为指定命令锚的文本。

（2）在插入面板的"常用"选项卡中，单击 ⚓ 按钮（或执行插入/命令锚记命令）。

（3）输入锚名称，如 a。

2. 建立锚记链接

（1）选中要为链接的文字。

（2）在属性面板的链接框中，输入锚名称及相应前缀。

（3）如果链接的目标锚位于当前文档，输入#a。

如果链接的目标锚位于其他文档，输入 first.htm#a。

3. 详细创建锚点链接

✎ 原始文件:06\原始文件\6.1\index.html

步骤: 01 打开网页文件，如图 6-5 所示。

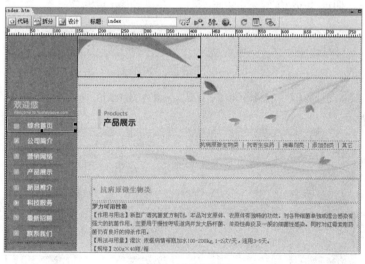

图 6-5 打开网页

步骤: 02 将插入点定位在网页正文中的"抗病原微生物类"的前面，选择"插入"→"命令锚记"命令，在弹出的"命名锚记"对话框的"锚记名称"文本框中输入 a，如图 6-6 所示。

步骤: 03 单击"确定"按钮，插入命令锚记，如图 6-7 所示。

图 6-6　"命名锚记"对话框

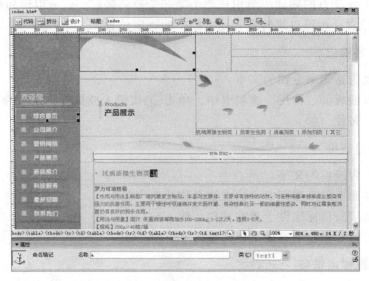

图 6-7　插入命令锚记

步骤：04　选中网页上半部分中的文字"抗病原微生物类"，在"属性"面板的"链接"文本框中输入#a，如图 6-8 所示。

图 6-8　"链接"文本框

步骤：05　按照步骤 02～步骤 04 的方法，插入锚记 b、c、d、e 并创建相应的锚点链接，如图 6-9 所示。

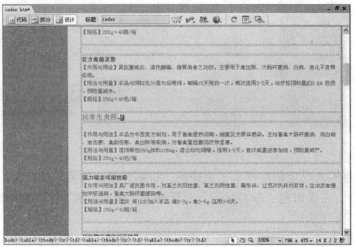

图 6-9　锚点链接

步骤：06 保存文档并预览，此时单击任意被设置为命令锚记的文字，即可转至相应的段落，如图 6-10 所示。

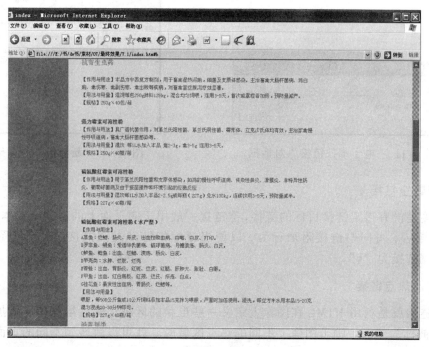

图 6-10 最终效果

提 示

锚标记的图标，可以通过"编辑"→"首选参数"→"不可见元素"命令，显示命令锚记。

任务 3 创建其他超链接

1. 创建电子邮件（E-mail）链接

电子邮件链接，是指当单击该链接时，不是打开网页文件，而是启动用户的 E-mail 客户端软件（如 Outlook Express），并打开一个空白的新邮件，让用户撰写邮件，这是一种非常方便的互动方式。

步骤：01 执行"文件"→"新建"命令，新建一个网页文档。

步骤：02 将光标置于网页中需要插入 E-mail 链接的位置，单击"插入"→"常用"→"电子邮件链接"按钮 ▭。

步骤：03 弹出"电子邮件链接"对话框，在"文本"文本框中输入链接的文字，本例中输入"联系我们"；在"E-mail"对话框中输入要链接的邮箱地址，如图 6-11 所示。

步骤：04 单击"确定"按钮，具有邮件链接属性的文本就会插入到光标所在的位置。

步骤：05 保存文件，按【F12】键，在浏览器中浏览。单击该邮件链接文字就会弹出如图 6-12 所示的对话框，这时即可发送邮件。

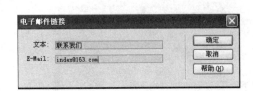

图 6-11 "电子邮件链接"对话框　　　图 6-12 "新邮件"对话框

2．创建空链接

空链接是没有指定链接目标的链接，空链接一般用于向页面上的对象或文本附加行为。创建空链接后，可向空链接附加行为，以便当鼠标指针经过该链接时，交换图像或显示 AP Div，空链接为"#"。

3．创建热点链接

热点链接就是利用 HTML 在图像上定义一些形状的区域，然后给这些区域加上链接，这些区域被称为热点。单击图像上不同的热点区域时，就可以跳转到不同的页面。

原始文件:07\原始文件\7.2\index.html

步骤：01　打开 index.html 网页文件，选中图像，在"属性"面板中选择"矩形热点工具"，如图 6-13 所示。

图 6-13　打开网页文件

步骤：02　将光标拖动至创建热点的位置，按住鼠标左键不放，在图像上通过拖动即可绘制一个矩形热点，在"属性"面板的"链接"文本框中输入 index.htm，如图 6-14 所示。

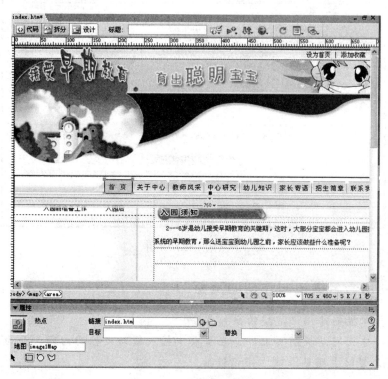

图 6-14　绘制矩形热点

步骤：03　按照步骤 02 的方法，绘制其他矩形热点并创建相应链接，如图 6-15 所示。

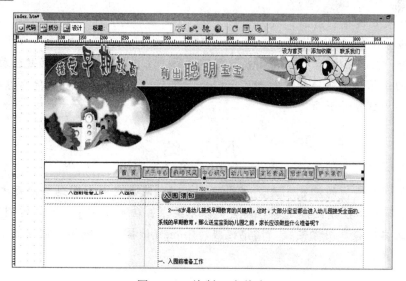

图 6-15　绘制 8 个热点

步骤：04　保存文档，预览，如图 6-16 所示。

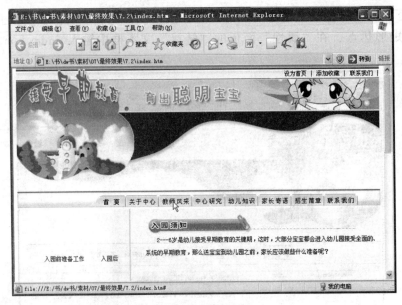

图 6-16　最终效果

实训一　用命名锚记制作帮助页面

实训目的：掌握创建锚记链接的操作方法。

实训内容：建立网站帮助页文件，在页面中插入帮助文档的内容，并为各主题内容添加命名锚记，为帮助主题目录建立锚记链接。

实训二　添加文字、图片链接

实训目的：

（1）掌握文本链接、图像链接的创建方法。

（2）掌握导航条的创建方法。

实训内容：为商务网站"index.htm"文件中的"注册""邮箱"添加超链接，为"产品列表"区中的图像添加超链接；打开"list.htm"文件，添加"首页""新品推荐""特价商品"和"品牌专区"导航条。

小　　结

超链接是网页结构的基本元素，也是网站之间、网页之间、网站与网页之间的联系纽带。因此，了解和掌握超链接是制作网页的基本要求。在本项目中，通过实例及制作技巧，主要介绍了文本链接、图像链接、锚记链接、E-mail 链接、空链接、热点链接及导航条等网页超链接方式。

项目 **7** CSS 样 式

学习目标

（1）掌握 HTML 样式的定义及使用方法。

（2）掌握 CSS 样式的创建、编辑及使用方法。

任务 1 认识 CSS 样式表

使用 CSS 样式管理一个非常大的网站，可以快速格式化整个站点或多个文档中的字体、图像等网页元素的格式。并且，CSS 样式可以实现多种 HTML 样式不能实现的功能。

执行"窗口"→"CSS 样式"命令，打开"CSS 样式"面板。CSS 样式是 Cascading Style Sheets（层叠样式单）的简称，也可以称为"级联样式表"，它是一种网页制作的新技术，利用它可以对网页中的文本进行精确的格式化控制。

在 CSS 样式之前，HTML 样式被广泛应用，HTML 样式用于控制单个文档中某范围内文本的格式。而 CSS 样式与之不同，它不仅可以控制单个文档中多个范围内文本的格式，而且可以控制多个文档中文本的格式。

在 Dreamweaver CC 中，CSS 样式分为下面 3 种类型：

（1）自定义 CSS 样式：可以将样式属性设置为任何文本范围或文本块——普通文本

（2）HTML 标签样式：重定义特定标签（如 h1）的格式——特定标签

（3）CSS 选择器样式：重定义链接有关的格式——链接文本

任务 2 认 识 文 本

商业网站中最常用是字体是宋体、12 像素（9pt）大小，栏目为 14 像素，将行高设置为 150%（12pt），这样产生的页面效果是最令人舒服的。

网页中的文本分为两种：普通文本和链接文本。

任务 3 普通文本 CSS 样式

原始文件:07\原始文件\index.html 最终文件:07\最终文件\index.html

步骤：01 打开"网页文件"index.html，如图 7-1 所示。

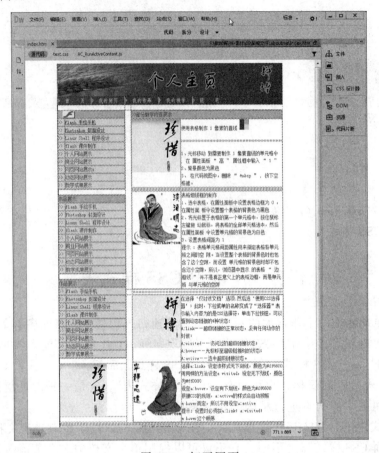

图 7-1　打开网页

步骤：02　选择"窗口"→"CSS 样式"，在打开的 CSS 样式面板中单击面板下方的"新建 CSS 规则"按钮 ，在弹出的"新建 CSS 规则对话框"中将"选择器类型"设置为"类（可应用于任何标签）"，"名称"设置为.ziti，"定义在"设置为"仅对该文档"，如图 7-2 所示。

步骤：03　单击"确定"按钮，在弹出的".ziti 的 CSS 规则定义"对话框中将"字体"设置为宋体，大小设置为 13，文本颜色设置为#476D94，如图 7-3 所示。

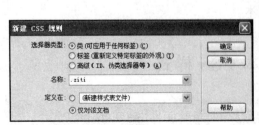

图 7-2　"新建 CSS 规则"对话框

图 7-3　".ziti 的 CSS 规则定义"对话框

步骤: 04 单击"确定"按钮，创建 CSS 样式。选中要应用样式的文字，在"属性"面板样式中，选择 ziti 样式，如图 7-4 所示。

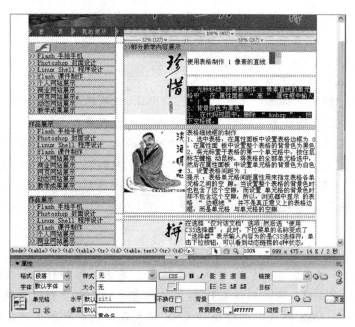

图 7-4 CSS 样式

步骤: 05 其他几段文字，重复步骤 04 进行设置，效果如图 7-5 所示。

图 7-5 最终效果

提示

"新建 CSS 规则"对话框各参数含义如下：

名称：样式的名字，注意名称前有点号，其作用在于告诉浏览器这是一个样式类标记，默认名称为.unamed，用户当然也可以自己命名。

类型：样式表的类型，分别是：

① 自定义样式：自己创建一个新的样式

② 重新定义 HTML 标签：用样式表将 HTML 中默认的标记属性改成新属性，使用 CSS 选择器：CSS 选择器主要提供了链接内容的样式修改。

③ 定义在：定义作用的范围，即创建一个新的样式表文件；如果该网页已套用样式表文件，还可以在下拉框中找到文件，将新的样式应用到该文件中（也就是改变文件中的相关设置）；下方有一个"仅对该文档"选项，与上一选项的区别是：该样式表仅作用于本网页，与其他网页无关。

📢 **知识点**

链接到外部 CSS 样式：在"CSS 样式"面板中，单击"附加样式"按钮。

编辑外部 CSS 样式时，链接到该 CSS 样式的所有文档全部更新以反映所做的编辑。可以导出文档中包含的 CSS 样式以创建新的 CSS 样式表，然后附加或链接到外部样式表以应用那里所包含的样式。

任务 4　编辑 CSS 样式

双击任务 3 中确定好的要编辑的样式，则可以打开"CSS 属性"面板，这样就可以对样式进行修改。操作步骤如下：

步骤 01　执行"窗口"→"CSS 样式"命令，打开"CSS 样式"面板，如图 7-6 所示。

步骤 02　在"CSS 样式"面板选择.text CSS 样式，然后单击"编辑 CSS 样式"按钮，弹出".text 的 CSS 规格定义"对话框。

步骤 03　在".text 的 CSS 规则定义"对话框中，选择"类型"后，文字颜色改为#FF0000，如图 7-7 所示，单击"确定"按钮。

图 7-6　"CSS 样式"面板

图 7-7　CSS 规则定义

任务 5　认识超链接样式

步骤：01 执行"窗口"→"CSS 样式"命令。

步骤：02 单击面板底端的 图标，弹出"新建 CSS 规则"对话框，如图 7-8 所示，单击"确定"按钮。

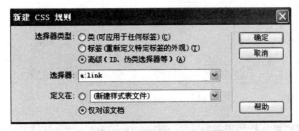

图 7-8　新建 a:link CSS 规则

步骤：03 在弹出的"a:link 的 CSS 规则定义"对话框中，设置如图 7-9 所示，单击"确定"按钮。

图 7-9　a:link 规则定义

步骤：04 这时，页面中的链接文本都变成 a:link 所设置的样式。单击面板底端的 图标，设置如图 7-10 所示，单击"确定"按钮。

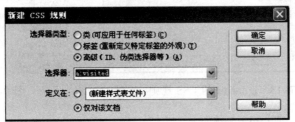

图 7-10　新建 a:visited 的 CSS 规则

步骤：05 在弹出的"a:visited 的 CSS 规则定义"对话框中，设置如图 7-11 所示，单击"确定"按钮。

单击面板底端的 🔁 图标，设置如图 7-12 所示，单击"确定"按钮。

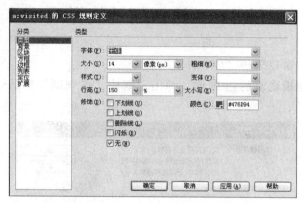

图 7-11　a:visited 规则定义

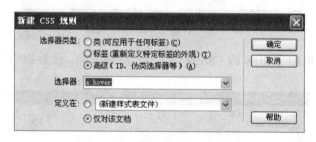

图 7-12　新建 a: hover 规则

在弹出的"a:hover 的 CSS 规则定义"对话框中，设置如图 7-13 所示，单击"确定"按钮。

这时在 CSS 样式面板中，就会出现刚才设置的样式，如图 7-14 所示。

图 7-13　a: hover 的 CSS 规则　　　　　　　图 7-14　CSS 样式

保存，按【F12】预览。

提 示

A:link——超链接的正常状态，没有任何动作的时候。

A:visited——访问过的超链接状态。

A:hover——光标移至超链接时的状态。

A:active——选中超链接状态。

实训一　固定背景样式应用

实训目的：熟练掌握 CSS 样式中固定背景的应用。

实训内容：设置页面的背景图片，设置背景图片为固定。

实训二　基本链接样式的定义

实训目的：熟练掌握 CSS 样式的应用。

实训内容：设置文本和链接文字的样式。

小　　结

层叠样式表（Cascading Style Sheets，CSS）是一系列格式规则。CSS 样式可以设置从精确的布局定位到特定的字体和样式，非常灵活并更好地控制确切的网页外观。

项目 **8** DIV+CSS 布局

学习目标

（1）掌握 DIV 标签的定义及使用方法。

（2）掌握 CSS 样式的应用。

任务 1 Web 标准

Web 标准提出将网页的内容与表现分离，同时要求 HTML 文档具有良好的结构。

任务 2 认识 CSS 布局与 TABLE 布局的区别

（1）复杂的表格设计使得设计极为不易，修改更加复杂，最后生成的网页代码除了表格本身的代码，还有许多没有意义的图像占位符及其他元素，文件量庞大，最终导致浏览器下载及解析速度变慢。

（2）CSS 布局用 DIV 元素代替，DIV 可以理解为"块"，将网页中的各个元素划分到各个 DIV 中，成为网页中的结构主体，而样式表现则由 CSS 来完成。

任务 3 CSS 网页布局

1. 一列固定宽度

XHTML 代码：

```
<div id=game>1 列固定宽度</div>
```

在 CSS 中编写如下的 CSS 样式表代码：

```
#game {
    background-color: #CCCCCC;
    height: 300px;
    width: 300px;
    border: 2px solid #666666;
}
```

运行效果如图 8-1 所示。

2．一列自适应宽度

XHTML 代码：

```
<div id=game>1 列自适应宽度</div>
```

在 CSS 中编写如下的 CSS 样式表代码：

```
#game {
    background-color: #999999;
    height: 300px;
    width: 80%;
    border: 2px solid #333333;
}
```

运行效果如图 8-2 所示。

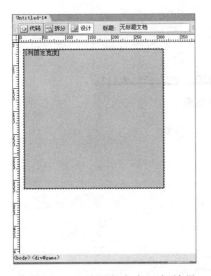

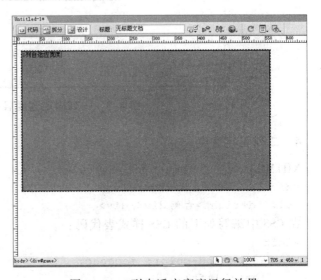

图 8-1　一列固定宽度运行效果　　　　　图 8-2　一列自适应宽度运行效果

3．一列固定宽度居中

XHTML 代码：

```
<div id=game>1 列固定宽度居中</div>
```

在 CSS 中编写如下的 CSS 样式表代码：

```
#game {
    background-color: #999999;
    height: 300px;
    width: 300px;
    border: 2px solid #666666;
    margin-top: 0px;
    margin-right: auto;
    margin-bottom: 0px;
    margin-left: auto;
}
```

运行效果如图 8-3 所示。

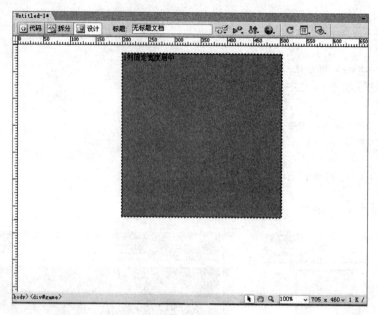

图 8-3　一列固定宽度居中效果

4．二列固定宽度

XHTML 代码：

```
<div id=left>左侧 div</div>
<div id=right>右侧 div</div>
```

在 CSS 中编写如下的 CSS 样式表代码：

```
#left {
    background-color: #cccccc;
    float: left;
    height: 300px;
    width: 300px;
    border: 2px solid #333333;
}
#right {
    background-color: #cccccc;
    float: left;
    height: 300px;
    width: 300px;
    border: 2px solid #333333;
}
```

Float 属性可以改变页面中对象的前后流动顺序，运行效果如图 8-4 所示。

5．二列宽度自适应

XHTML 代码：

```
<div id=left>左侧 div</div>
<div id=right>右侧 div</div>
```

在 CSS 中编写如下的 CSS 样式表代码：

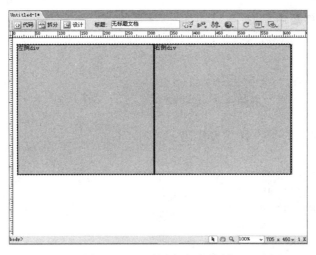

图 8-4　二列固定宽度效果

```css
#left {
    background-color: #cccccc;
    float: left;
    height: 300px;
    width: 20%;
    border: 2px solid #333333;
}
#right {
    background-color: #cccccc;
    float: left;
    height: 300px;
    width: 70%;
    border: 2px solid #333333;
}
```

运行效果如图 8-5 所示。

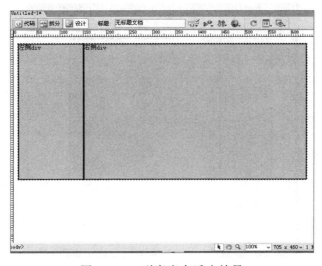

图 8-5　二列宽度自适应效果

6. 二列固定宽度居中

XHTML 代码:

```
<div id="main">
    <div id="left">左侧 div</div>
    <div id="right">右侧 div</div>
</div>
```

在 CSS 中编写如下的 CSS 样式表代码:

```
#main {
    margin-top: 0px;
    margin-right: auto;
    margin-bottom: 0px;
    margin-left: auto;
    width: 608px;
}

#left {
    background-color: #cccccc;
    float: left;
    height: 300px;
    width: 100px;
    border: 2px solid #333333;
}
#right {
    background-color: #cccccc;
    float: left;
    height: 300px;
    border: 2px solid #333333;
    width: 300px;
}
```

运行效果如图 8-6 所示。

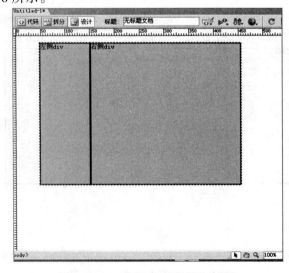

图 8-6 二列固定宽度居中效果

任务 4　盒 子 模 型

CSS（Cascading Style Sheet）可译为"层叠样式表"或"级联样式表"，它定义如何显示 HTML 元素，用于控制 Web 页面的外观。通过使用 CSS 实现页面的内容与表现形式分离，极大提高了工作效率。CSS 假定所有的 HTML 文档元素都生成了一个描述该元素在 HTML 文档布局中所占空间的矩形元素框，可以形象地将其看作是一个盒子。CSS 围绕这些盒子产生了一种"盒子模型"概念，通过定义一系列与盒子相关的属性，可以极大地丰富和促进各个盒子乃至整个 HTML 文档的表现效果和布局结构。盒子的元素，如果没有特殊设置，其默认总是占独立的一行，宽度为浏览器窗口的宽度，在其前后的元素不管是不是盒子，都只能排列在它的上面或者下面，即上下累加着进行排列。HTML 文档中的每个盒子都可以看成是由从内到外的四个部分构成，即内容区（content）、填充（padding）、边框（border）和空白边（margin）。CSS 为四个部分定义了一系列相关属性，通过对这些属性的设置可以丰富盒子的表现效果。

1．内容区

内容区是盒子模型的中心，它呈现了盒子的主要信息内容，这些内容可以是文本、图片等多种类型。内容区有三个属性：width、height 和 overflow。使用 width 和 height 属性可以指定盒子内容区的高度和宽度，当内容信息太多，超出内容区所占范围时，可以使用 overflow 溢出属性来指定处理方法。当 overflow 属性值为 hidden 时，溢出部分将不可见；为 visible 时，溢出的内容信息可见，只是被呈现在盒子的外部；当为 scroll 时，滚动条将被自动添加到盒子中，用户可以通过拉动滚动条显示内容信息；当为 auto 时，将由浏览器决定如何处理溢出部分。

2．填充

填充是内容区和边框之间的空间。填充的属性有五种，即 padding-top、padding-bottom、padding-left、padding-right 以及综合了以上四种方向的快捷填充属性 padding。使用这五种属性可以指定内容区信息内容与各方向边框间的距离。设置盒子背景色属性时，可使背景色延伸到填充区域。

3．边框

边框是环绕内容区和填充的边界。边框的属性有 border-style、border-width 和 border-color 以及综合了以上三类属性的快捷边框属性 border。border-style 属性是边框最重要的属性，如果没有指定边框样式，其他的边框属性都会被忽略，边框将不存在。CSS 规定了 dotted（点线）、dashed（虚线）、solid（实线）等九种边框样式。使用 border-width 属性可以指定边框的宽度，其属性值可以是长度计量值，也可以是 CSS 规定的 thin、medium 和 thick。使用 border-color 属性可以为边框指定相应的颜色，其属性值可以是 RGB 值，也可以是 CSS 规定的 17 个颜色名。在设定以上三种边框属性时，既可以进行边框四个方向整体的快捷设置，也可以进行四个方向的专向设置，如 border:2px solid green 或 border-top-style:solid、border-left-color:red 等。设置盒子背景色属性时，在 IE 中背景不会延伸到边框区域，但在 FF 等标准浏览器中，背景颜色可以延伸到边框区域，特别是单边框设置为点线或虚线时能看到效果。

4．空白边

空白边位于盒子的最外围，是添加在边框外周围的空间。空白边使盒子之间不会紧凑地连接在一起，是 CSS 布局的一个重要手段。空白边的属性有五种，即 margin-top、margin-bottom、margin-left、margin-right，以及综合了以上四种方向的快捷空白边属性 margin，其具体的设置和使用与填充属性类似。对于两个相邻的（水平或垂直方向）且设置有空白边值的盒子，它们邻近部分的空白边将不是二者空白边的相加，而是二者的并集。若二者邻近的空白边值大小不等，则取二者中较大的值。同时，CSS 容许给空白边属性指定负数值，当指定负空白边值时，整个盒子将向指定负值方向的相反方向移动，以此可以产生盒子的重叠效果。采用指定空白边正负值的方法可以移动网页中的元素，这是 CSS 布局技术中的一个重要方法。盒子模型如图 8-7 所示。

图 8-7　盒子模型

任务 5　企业网站制作

最终文件：09\9.1\index.html

本实例效果如图 8-8 所示。

图 8-8　实例效果

企业网站结构如图 8-9 所示。

图 8-9　结构图

步骤：01 用 DIV 先对页面进行布局，页面效果如图 8-10 所示，转换到代码视图，Div 布局的代码如图 8-11 所示。

图 8-10　页面效果

```
<div id="box">
  <div id="top">
    <div id="menu">此处显示  id "menu" 的内容</div>
  </div>
  <div id="logo">此处显示  id "logo" 的内容</div>
  <div id="main">
    <div id="left">此处显示  id "left" 的内容</div>
    <div id="right">此处显示  id "right" 的内容</div>
  </div>
  <div id="bottom">此处显示  id "bottom" 的内容</div>
</div>
```

图 8-11　DIV 布局代码

步骤：02 新建一个页面，打开"窗口"→"CSS 样式"面板，单击面板上的"新建 CSS 规则"按钮，弹出"新建 CSS 规则"对话框，在"选择器类型"选项组中单击"标签（重新定义特定标签的外观）"单选按钮，在"标签"下拉列表框中输入 body，如图 8-12 所示。

步骤：03 单击"确定"按钮，弹出"保存样式表文件为"对话框，将新建的样式表保存为 css.css。

步骤：04 单击"保存样式表文件为"对话框中的"保存"按钮，弹出"body 的 CSS 规则定义"对话框，在"分类"列表中选择"方框"选项，设置"填充"和"边界"均为 0，如图 8-13 所示。

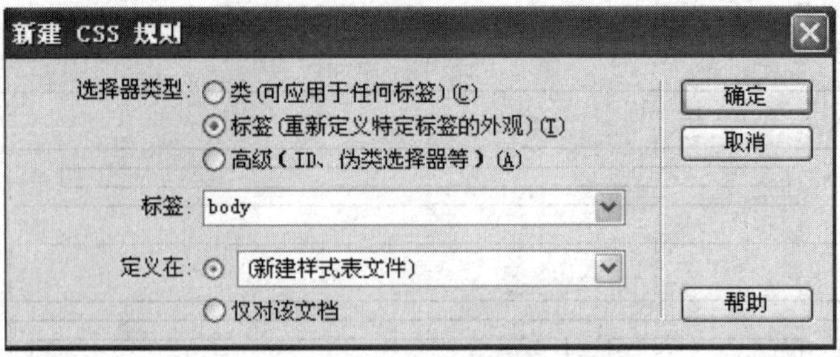

图 8-12 "新建 CSS 规则"对话框

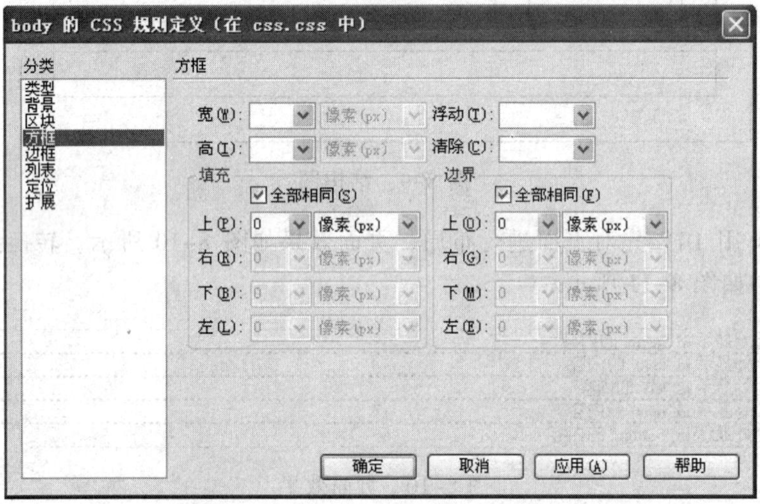

图 8-13 CSS 规则定义

步骤 05 单击 "CSS 样式"面板上的"新建 CSS 规则"按钮,弹出"新建 CSS 规则"对话框,在"选择器类型"选项组中选择"高级"单选按钮,在"选择器"下拉列表中输入#top 选项,在"定义在"选项中选择刚刚定义的外部样式表文件 css.css,具体设计如下。

```
#top {
    background-image: url(../images/244.gif);
    background-repeat: repeat-x;
    height: 47px;
    width: 100%;
}
```

#top
CSS 样式表代码

```
#menu {
    background-image: url(../images/245.gif);
    background-repeat: no-repeat;
    height: 47px;
    width: 688px;
    font-family: "宋体";
    font-size: 12px;
    line-height: 30px;
    font-weight: bold;
    color: #FFFFFF;
}
```

#menu
CSS 样式表代码

```
#logo {                    #main {
    text-align: right;         text-align: left;
    height: 62px;              height: 423px;
    width: 669px;              width: 669px;
    margin: 0 auto;            margin: 0 auto;
}                          }
```

#logo 和#main
CSS 样式表代码

```
#left {
    float: left;
    height: 423px;
    width: 472px;
}
```

#left
CSS 样式表代码

```
#right {
    background-image: url(../images/253.gif);
    background-repeat: no-repeat;
    float: right;
    height: 413px;
    width: 178px;
    padding-right: 11px;
    padding-left: 8px;
    padding-top: 10px;
}
```

#right
CSS 样式表代码

```
#right li {
    line-height: 25px;
    background-image: url(../images/255.gif);
    background-repeat: no-repeat;
    background-position: 47px;
    text-indent: 58px;
    border-bottom-width: 1px;
    border-bottom-style: solid;
    border-bottom-color: #EAF4F3;
    list-style-type: none;
}
#right li.no {
    line-height: 25px;
    background-image: url(../images/255.gif);
    background-repeat: no-repeat;
    background-position: 47px;
    text-indent: 58px;
    list-style-type: none;
    border-top-width: 0px;
    border-right-width: 0px;
    border-bottom-width: 0px;
    border-left-width: 0px;
}
```

列表
CSS 样式表代码

```
#bottom {
    background-image: url(../images/258.gif);
    background-repeat: repeat-x;
    height: 48px;
    width: 100%;
    color: #165B78;
    padding-top: 20px;
}
```

#bottom
CSS 样式表代码

任务 6　创建导航菜单

作为一个成功的网站，导航菜单永远是不可缺少的。导航菜单的风格往往也决定了整个网站的风格，因此很多设计者都会投入很多时间和精力来制作各式各样的导航条，从而体现网站的整体构架。

在传统方式下，制作导航菜单是很麻烦的工作，需要使用表格并设置复杂的属性，还需要使用 Javascript 实现相应鼠标指针经过或单击的动作。如果用 CSS 来制作导航菜单，实现起来就非常简单了。

竖直排列菜单

当项目列表的 list-style-type 属性值为 none 时，制作各式各样的菜单和导航条成了项目列表的最大用处之一，通过各种 CSS 属性的变换可以达到很多意想不到的导航效果。

步骤：01 首先建立 HTML 相关结构，将菜单的各项用项目列表<ul>表示，同时设置页面的背景颜色，代码如下：

```html
<div id="navigation">
  <ul>
    <li><a href="#">Home</a></li>
    <li><a href="#">Contact us</a></li>
    <li><a href="#">Web Design</a></li>
    <li><a href="#">Map</a></li>
  </ul>
</div>
```

步骤：02 然后开始设置 CSS 样式，首先把页面的背景色设置为浅色，代码如下：

```css
body {
    background-color: #FFCC99;
}
```

步骤：03 设置整个<div>块的宽度为固定 150 像素，并设置文字的字体。设置项目列表<ul>的属性，将项目符号设置为不显示，代码如下：

```css
#navigation {
    font-family: Arial, Helvetica, sans-serif;
    font-size: 14px;
    width: 150px;
    text-align: right;
}
#navigation ul {
    margin: 0px;
    padding: 0px;
    list-style-type: none;
}
```

步骤：04 为<li>标记添加下画线，以分割各个超链接．并且对超链接<a>标记进行整体设置，代码如下：

```css
#navigation li {
    border-bottom-width: 1px;
    border-bottom-style: solid;
```

```
        border-bottom-color: 9f9fed;
    }
#navigation a {
        line-height: 1em;
        text-decoration: none;
        border-right-width: 1px;
        border-left-width: 12px;
        border-right-style: solid;
        border-left-style: solid;
        border-right-color: 151571;
        border-left-color: 151571;
        display:block;
        padding-top: 5px;
        padding-right: .5em;
        padding-bottom: 5px;
        padding-left: 5px;
    }
```

以上代码中需要特别说明的是"display：block；"语句，通过该语句，超链接被设置成了块元素。当鼠标指针进入该块的任何部分时都会被激活，而不是仅在文字上方时才被激活。

步骤：05　最后设置超链接的样式，以实现动态菜单的效果，代码如下：

```
#navigation a:link, #navigation a:visited{
        background-color:#1136c1;
        color:#FFFFFF;
    }
#navigation a:hover{
        background-color:#002099;
        color:#ffff00;
        border-left:12px solid yellow;
    }
```

步骤：06　保存并预览，鼠标没有经过导航菜单的效果如图 8-14 所示，鼠标经过导航菜单的效果如图 8-15 所示。

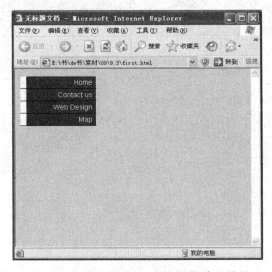

图 8-14　鼠标没有经过导航菜单的效果

图 8-15　鼠标经过导航菜单的效果

DIV 布局

```
<div id="box">
    <div    id="top"><img    src="images/301.jpg"    alt="logo"    width="529"
height="87" /></div>
    <div id="menu"></div>
    <div id="main">
      <div id="left">
        <div id="leftpic"><img src="images/324.gif" width="45" height=
                "325" /></div>
        <div id="leftmenu"></div>
      </div>
      <div id="right">
        <div id="fightcont">
          <div id="r_leftcont">
            <div id="r_lefttitle"><img src="images/340.gif" alt="about us"
                    width="152" height="68" /></div>
            <div id="about"> </div>
          </div>
          <div id="rpic"><img src="images/341.gif" width="164" height="168" />
                </div>
        </div>
        <div id="list">
          <div id="listcont"></div>
        </div>
      </div>
    </div>
    <div id="bottom">Copyright 2004 XiangDesign All Rights Reserved.</div>
</div>
```

主要的 CSS 样式

```
body {
    font-family: "宋体";
    font-size: 12px;
    color: #575757;
    background-color: #FFFFFF;
    text-align: center;
}
#box {
    width: 1000px;
    border-right-width: 1px;
    border-left-width: 1px;
    border-right-style: solid;
    border-left-style: solid;
    border-right-color: #D2D2D2;
```

```
    border-left-color: #D2D2D2;
    margin: 0 auto;
}
#top {
    text-align: left;
    height: 87px;
}
#menu {
    background-image: url(../images/302.gif);
    background-repeat: repeat-x;
    height: 50px;
    width: auto;
    text-align: left;
}
#banner {
    height: 200px;
    width: auto;
    margin-top: 14px;
    border-top-width: 1px;
    border-top-style: solid;
    border-top-color: #E5E5E5;
}
#left {
    float: left;
    height: 680px;
    width: 281px;
    border-right-width: 1px;
    border-right-style: solid;
    border-right-color: #D6D6D6;
}
#main {
    height: 680px;
    width: 998px;
}
#right {
    float: right;
    height: 655px;
    width: 694px;
    border-top-width: 1px;
    border-top-style: solid;
    border-top-color: #D6D6D6;
    text-align: left;
    padding-top: 19px;
    padding-left: 20px;
}
```

```
#bottom {
    background-image: url(../images/343.gif);
    background-repeat: repeat-x;
    height: 74px;
    line-height: 74px;

}
```

实训　工作室网站页面制作

实训目的：熟练掌握 DIV+CSS 布局的思路。

实训内容：利用 DIV 和 CSS 配合制作出工作室网站，效果如图 8-16 所示。

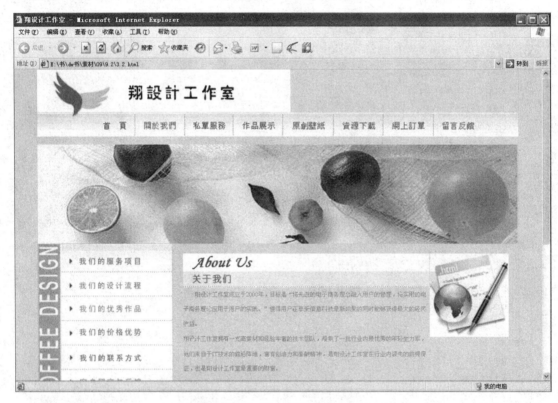

图 8-16　页面效果

小　　结

　　CSS 布局与传统表格（table）布局最大的区别在于：原来的定位都采用表格，通过表格的间距或者用无色透明的 GIF 图片来控制各布局版块的间距；而现在采用 DIV 来定位，通过层的 margin、padding、border 等属性来控制版块的间距。

项目 9 模板应用

学习目标

（1）掌握创建模板的方法。

（2）掌握定义模板可编辑区的域方法。

（3）掌握创建应用模板文档的方法。

任务 1　利用模板制作页面

模板最强大的用途在于可以一次更新多个页面。

1. 制作网页

根据图 9-1 制作网页 index.html。

图 9-1　网页效果

2．创建可编辑区域和保存为模板网页

可编辑区域是基于模板的文档中的未锁定区域，是模板用户可以编辑的部分，用户可以将模板的任何区域定义为可编辑。

步骤：01 打开 index.html 网页。

步骤：02 选择需要设置可编辑区域的表格，如图 9-2 所示。

图 9-2　选择可编辑区域的表格

步骤：03 选择"插入"→"模板"→"可编辑区域"命令，出现如图 9-3 所示的对话框。

步骤：04 单击"确定"按钮，出现"新建可编辑区域"对话框，"名称"文本框输入 EditRegion1，如图 9-4 所示。

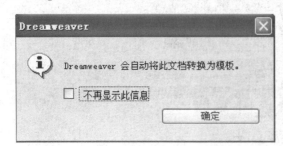

图 9-3　文档转换为模板对话框

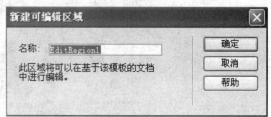

图 9-4　"新建可编辑区域"对话框

步骤：05 单击"确定"按钮，这时可编辑区域就全部被选中，如图 9-5 所示。

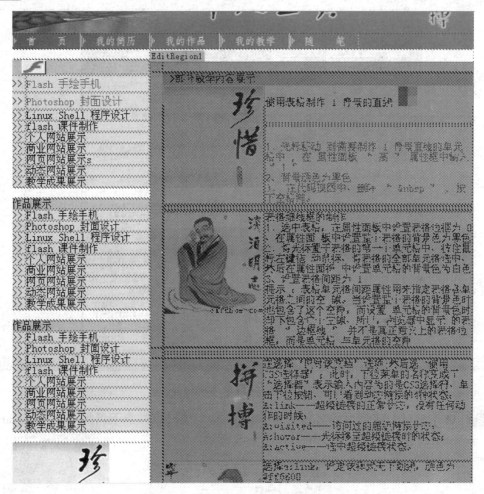

图 9-5 可编辑区域被选中的状态

步骤：06 选择"文件"→"另存为模板"命令，在弹出的"另存为模板"对话框中，在"另存为"文本框中输入 moban，如图 9-6 所示。

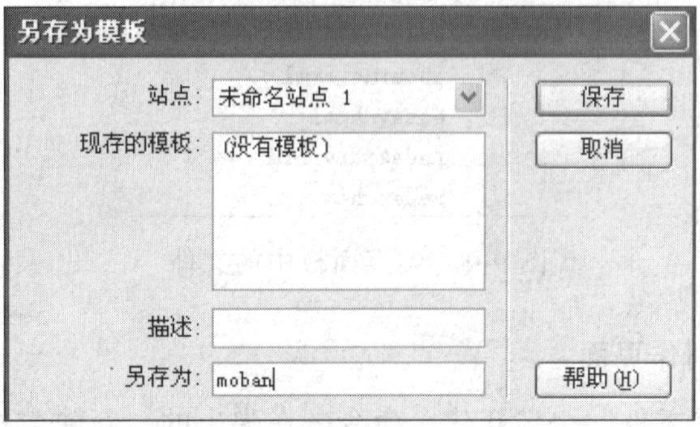

图 9-6 "另存为模板"对话框

步骤：07 单击"保存"按钮，保存模板，如图 9-7 所示。

图 9-7 模板图片

步骤: 08 这时，该页面的名称变为 moban.dwt，同时该站点下增加一个 Templates 文件夹，moban.dwt 保存在该文件夹中，如图 9-8 所示。

图 9-8 站点面板中的文件

3. 利用模板文件制作页面

步骤: 01 选择"文件"→"新建"命令，在弹出的"新建文档"对话框中选择"模板中的页"→"未命令站点 1"→"moban"选项，如图 9-9 所示。

图 9-9　"新建文档"对话框

步骤：02　单击"创建"按钮，利用模板创建网页，删除 EditRegion1 中内容，如图 9-10 所示。

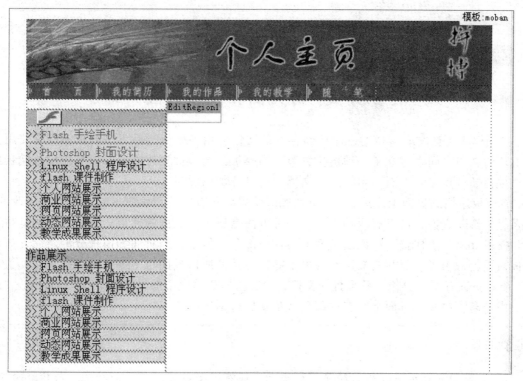

图 9-10　删除 Edit Region1 中内容

步骤：03　在 EditRegion1 中插入表格，重新设置内容，如图 9-11 所示。

图 9-11 插入新的内容

 04 选择"文件"→"保存"命令，保存为 first.html 子页。

任务 2 将文档和模板分离

使用模板创建文档，或对一个已经存在的文档应用了模板之后，该模板和所有使用了该模板的文档之间就建立了一种链接关系。当模板的内容被更改之后，所有应用该模板的文档也会被自动更新，而不用将这些文档一一打开加以编辑。

将模板应用到页面上之后，可编辑区域的位置和所有的不可编辑区域都是不可更改的。如果想要修改它们，可以有两种方法：一种方法是更改该页面的模板；另一种方法是将页面和模板分离，这样就可以修改页面上的任何部分。但是，当页面和模板分离之后，如果模板被更新，由于页面和模板已经脱离了链接关系，所以页面将不被自动更新。

要将页面和模板分离，只需打开文档，然后选择菜单栏中的"修改"→"模板"→"从模板中分离"命令，页面上所有的部分就都变成可编辑的了。

📢 说明

（1）在 Dreamweaver 中，除了模板之外，还有一个称为"库"的功能，与模板功能类似。它和模板不同的是，"模板"使整个页面可以多次重用，而今变更页面中的局部；而"库"的作用是将某一个页面的局部，多次重用到多个页面中。

（2）尽管使用了模板功能以后，可以批量地制作出一系列风格相同的页面，但是这并不能彻底地解决网页内容大量增加以后产生的问题，而真正要解决这个问题，还是必须要借助于数据库和服务器段的程序，这已经超出了本书的讲解范围，有兴趣的读者可以查看服务器程序开发相关的资料。

实训　使用模板制作个人主页

实训目的：掌握模板的使用方法。

实训内容：新建模板并应用到其他页面。

小　　结

模板和库项目可以提高网站的工作效率，可以快速创建页面并一次性更新多个页面。Dreamweaver 模板是一种特殊类型的文档，用于设计"锁定的"页面布局，不同的栏目，不同的内容，却具有相同的版式，这样的网站最适合采用模板的技术来创建。模板创造者设计页面布局，并在模板中创建可基于模板的文档中进行编辑的区域。

在本项目中，主要通过实例讲解了创建模板的操作方法，使读者进一步掌握 Dreamweaver CC 的强大功能。

学习目标

（1）理解切片的优缺点。

（2）掌握使用 Photoshop 切割网页图片的方法。

任务　使用 Photoshop 切割网页图片

许多网页为了追求更好的视觉效果，往往采用一整幅图片来布局网页，也就是把一整张图切割成若干小块，并以表格的形式加以定位和保存。

1. 制作网页图片

利用 PS 制作网站的首页，如图 10-1 所示。

图 10-1　网站首页图

提示

文字效果添加描边，可以让文字更清楚。

2. 使用 Photoshop 切割网页图片

步骤 01 在 Photoshop 中打开图片，在工具箱中选择"切片工具"，如图 10-2 所示。

图 10-2　选择"切片工具"

步骤: 02　将插入点移动到图像窗口中，并在图像上进行拖动，松开鼠标即可创建切片，重复这个步骤，创建其他切片，如图 10-3 所示。

图 10-3　切片效果

步骤：03 选择"文件"→"存储为 Web 所用格式"命令，将会弹出"存储为 Web 所用格式"对话框，如图 10-4 所示。

步骤：04 单击"存储"按钮，保存类型为 HTML 和图像（*.html），输入文件名 index.html 并保存，打开网页文件中存放的 html 文件，可以看到所有的切片都已被保存好，而下载速度也提高了许多，浏览效果如图 10-5 所示。

图 10-4 "存储为 Web 所用格式"对话框

图 10-5 最终效果

实训 用 Photoshop 制作网站二级页面

实训目的：熟练掌握用切片的方法和技巧。

实训内容：设计页面，并通过切片生成页面。

小　　结

使用 Photoshop 可以设计网页的整体效果图，切割网页图像，让网站的页面更加具有个性特色。

项目 **11** 创建表单网页

学习目标

（1）掌握使用表单的方法。

（2）掌握创建文本域、文件域和隐藏域的方法。

（3）掌握创建复选框和单选按钮的方法。

（4）掌握创建列表和菜单的方法。

（5）掌握创建表单按钮的方法。

表单是网站管理员和用户之间进行沟通的桥梁。目前大多数的网站，尤其是大中型的网站，都需要与用户进行动态的交流。要实现与用户的交互，表单必不可少，如在线注册、在线购物、在线调查问卷等。这些过程都需要填写一系列表单，用户填写好这些表单，将其发送到网站的后台服务器，交由服务器端的脚本或应用程序来处理。

任务 1 创 建 表 单

目前很多网站都要求访问者填写各种表单、收集用户资料、获取用户订单，表单已成为网站实现互动功能的重要组成部分。表单是网页管理者与访问者之间进行动态数据交换的一种交互方式。

从表单的工作流程来看，表单的开发分为两部分：一是在网页上制作具体的表单项目，这一部分称为前端，主要在 Dreamweaver 中制作；另一部分是编写处理表单信息的应用程序，这一部分称为后端，如：ASP、CGI、PHP、JSP 等。本课程内容主要讲解的是前端的设计，后台的开发将在以后介绍。

1．了解表单的概念

表单是实现动态网页的一种主要的外在形式，可以使网站的访问者与网站之间轻松地进行交互。使用表单，可以帮助 Internet 服务器从用户那里收集信息，实现用户与网页的功能互动。通过表单可以收集站点访问者的信息，可以用做调查工具或收集客户登录信息，也可用于制作复杂的电子商务系统。

表单相当于一个容器，它容纳的是承载数据的表单对象，例如：文本框、复选框等。因此一个完整的表单包括两部分：表单及表单对象，二者缺一不可。

用户可以通过单击"插入"→"表单"命令来插入表单对象，或者通过"插入"栏的"表单"面板插入表单对象，如图 11-1 所示。

2．认识表单对象

（1）表单：在文档中插入表单。任何其他表单对象，如文本域、按钮等，都必须插入表单之中，这样所有浏览器才能正确处理这些数据。

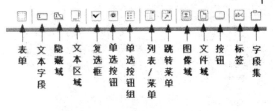

图 11-1 "表单"面板

（2）文本字段：文本字段可接收任何类型的字母或数字项。输入的文本可以显示为单行、多行或者显示为项目符号或星号（用于保护密码）。文本框用来输入比较简单的信息。

（3）文本区域：如果需要输入建议、需求等大段文字，这时通常使用带有滚动条的文本区域。

（4）隐藏域：可以在表单中插入一个可以存储用户数据的域。使用隐藏域可以存储用户输入的信息，如姓名、电子邮件地址或爱好的查看方式等，以便该用户下次访问站点时可以再次使用这些数据。

（5）复选框：在表单中插入复选框。复选框允许在一组选项中选择多项，用户可以选择任意多个适用的选项。

（6）单选按钮：在表单中插入单选按钮。单选按钮代表互相排斥的选择。选择一组中的某个按钮，就会取消选择该组中的所有其他按钮。例如，用户可以选择"是"或"否"。

（7）单选按钮组：插入共享同一名称的单选按钮的集合。

（8）列表/菜单：可以在列表中创建用户选项。"列表"选项在滚动列表中显示选项值，并允许用户在列表中选择多个选项。"菜单"选项在弹出式菜单中显示选项值，而且只允许用户选择一个选项。

（9）跳转菜单：插入可导航的列表或弹出式菜单。跳转菜单允许插入一种菜单，在这种菜单中的每个选项都链接到文档或文件。

（10）图像域：可以在表单中插入图像。可以使用图像域替换"提交"按钮，以生成图形化按钮。

（11）文件域：可在文档中插入空白文本域和"浏览"按钮。文件域使用户可以浏览到其硬盘上的文件，并将这些文件作为表单数据上传。

（12）按钮：在表单中插入文本按钮。按钮在单击时执行任务，如提交或重置表单。可以为按钮添加自定义名称或标签，或者使用预定义的"提交"或"重置"标签之一。

（13）标签：可在文档中给表单加上标签，以<label></label>形式开头和结尾。

（14）字段集：可在文本中设置文本标签。

3．插入表单

步骤：01 执行"文件"→"新建"命令，新建网页文件。

步骤：02 将光标定位在希望表单出现的位置，选择菜单"插入"→"表单"→"表单"命令，如图 11-2 所示，然后单击"表单"图标，如图 11-3 所示。

步骤：03 此时页面上出现红色的虚轮廓线，以此指示表单，如图 11-3 所示。

步骤：04 执行文件→保存命令，保存文件。

图 11-2　表单菜单

图 11-3　表单域

提　示

表单在浏览网页中属于不可见元素，如果没有检查此轮廓线，请检查是否选中了"查看"→"可视化助理"→"不可见元素"命令。

4．设置表单属性

选中表单，在"属性"面板上可以设置表单的各项属性，如图 11-4 所示。

图 11-4　表单的"属性"面板

（1）"表单名称"：对表单命名，这样方便用脚本语言对其进行控制。

（2）"动作"：指定处理表单信息的服务器端应用程序。单击文件夹目标，找到应用程序，或直接输入应用程序路径。

（3）"目标"：选择打开返回信息网页的方式。

（4）"方法"：定义处理表单数据的方法，具体内容如下：

① "默认"：使用浏览器默认的方法（一般为 GET）。

② "GET"：把表单值添加给 URL，并向服务器发送 GET 请求。因为 URL 被限定在 8192 个字符之内，所以不要对长表单使用 GET 方法。

③ "POST"：把表单数据嵌入到 HTTP 请求中发送。

（5）"MIME 类型"：用来设置发送 MIME 编码类型，有两个选项。

① "application/x-www-form-urlencode"：默认的 MIME 编码类型，通常与"POST"方法协同使用。

② "multipart/form-data"：如果表单包含文件域，应该选择 multipart/form-data MIME 类型。

任务 2　插入表单对象

1. 插入文本域和隐藏域

1）插入文本域

文本域是表单中非常重要的表单对象。当浏览者浏览网页需要输入文字资料，如姓名、地址、E-mail 或稍长一些的个人介绍等内容时，就可以使用文本域。文本域分单行文本域、多行文本域和密码域 3 种类型。具体操作如下：

步骤：01　插入文本域之前请确定已经先插入了一个表单域，并且将光标定位在表单域中。

步骤：02　单击插入栏的"表单"分类的"文本字段"按钮，如图 11-1 所示，弹出"输入标签辅助功能属性"对话框，如图 11-5 所示

步骤：03　可以输入文本字段的标签文字，然后单击"确定"按钮。也可单击"取消"按钮，在表单域中自行添加文字作为文本字段的标签文字。

步骤：04　设置文本字段的属性。单击"文本字段"，在其"属性"面板上进行属性设置，如图 11-6 所示。

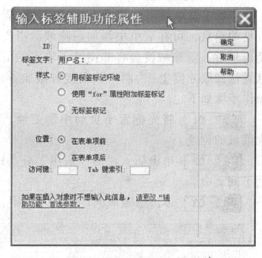

图 11-5　"输入标签辅助功能"对话框

图 11-6　文本框的"属性"面板

提　示

可以执行"编辑"→"首选参数"命令，在"首选参数"的左侧列表中选择"辅助功能"选项，取消"表单对象"的选中状态。

"文本字段"对象具有下列属性：

（1）"文本域"：指定文本域的名称，通过它可以在脚本中引用该文本域。

（2）"字符宽度"：设置文本域中最多可显示的字符数。

（3）"最大字符数"：允许使用者输入的最大的字符个数。

（4）"初始值"：表单首次被载入时显示在文本字段中的值。

（5）"类型"：可以选择文本域的类型，其中包括"单行""多行"和"密码"。

①"单行"：只可显示一行文本，是插入文本域时默认的选项。

②"多行"：可以显示多行文本，选择该项时属性面板将产生变化，增加了用于设置多行文本的选项。

③"密码"：用于输入密码的单行文本域。输入的内容将以符号显示，防止被其他人看到，但该数据通过后台程序发送到服务器上时将仍然显示为原本的内容。

（6）"行数"：当类型设置为"多行"时，设置文本域中的行数。

（7）"换行"：当类型设置为"多行"时，设置文本域中的换行方式。

图 11-7 所示的是一个同时拥有 3 种文本域类型的实例。

"文本区域"表单对象与"文本字段"表单对象的使用方法相似，请读者自行设置。

2）插入隐藏域

若要在表单结果中包含不让站点访问者看见的信息，可在表单中添加隐藏域。当提交表单时，隐藏域就会将非浏览者输入的信息发送到服务器上，为制作数据接口做准备。操作步骤如下：

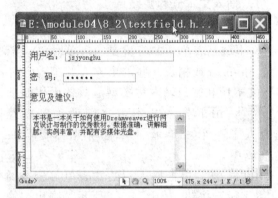

图 11-7　文本域实例

步骤：01 将光标置于页面中需要插入隐藏域的位置。

步骤：02 单击插入栏的"表单"分类的"隐藏域"按钮，一个隐藏域的标记便插入到了网页中。

步骤：03 单击隐藏域的标记将其选中，隐藏域的"属性"面板出现，如图 11-8 所示。

图 11-8　隐藏域的"属性"面板

"隐藏域"对象具有下列属性：

（1）"隐藏区域"：指定隐藏域的名称，默认为 hiddenField。

（2）"值"：设置为隐藏域指定的值，该值将在提交表单时传递给服务器。

2．插入单选按钮和复选框

1）插入单选按钮

如果想让访问者从一组选项中选择其中之一，可以在表单中添加单选按钮。常见的如性别、学历等内容都可使用单选按钮来进行设置。单选按钮允许用户在多个选项中选择一个，不能进行多项选择。插入单选按钮的具体操作如下：

步骤：01 将光标定位在表单域中要插入单选按钮的位置。

步骤：02 选择插入栏的"表单"分类的"单选按钮"按钮，如图 11-1 所示，弹出"输入标签辅助功能属性"对话框，如图 11-5 所示。

步骤：03 可以输入单选按钮的标签文字，并选择文字在单选按钮的前面显示或后面显示，然后单击"确定"按钮，也可单击"取消"按钮，在表单域中自行添加文字作为标签文字。如图 11-9 所示，在表单中添加单选按钮。

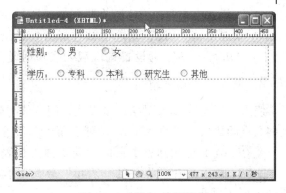

图 11-9　添加单选按钮

步骤：04 设置单选按钮的属性。单击"单选按钮"对象，在其"属性"面板上进行属性设置，如图 11-10 所示。

"单选按钮"对象具有下列属性：

（1）"单选按钮"：单选按钮的名称，在同一组的单选按钮名称必须相同。

（2）"选定值"：设置该按钮被选中时发送给服务器的值。

图 11-10　单选按钮的"属性"面板

（3）"初始状态"有"已勾选（C）"和"未选中（U）"两种，表示该按钮是否被选中。

①"已勾选（C）"：表示在浏览时单选按钮显示为勾选状态。

②"未选中（U）"：表示在浏览时单选按钮显示为不勾选的状态。在一组单选按钮中只能设置一个单选按钮为"已勾选"。

2）插入复选框

使用"复选框"表单对象可以在网页中设置多个可供浏览者进行选择的项目，常用于调查类栏目中。插入复选框的具体操作如下：

步骤：01 将光标定位在表单域中要插入复选框的位置。

步骤：02 选择插入栏的"表单"分类的"复选框"按钮，如图 11-1 所示，弹出"输入标签辅助功能属性"对话框，如图 11-5 所示。

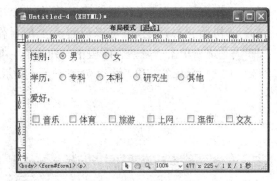

图 11-11　添加复选框

步骤：03 标签文字的设置同"单选按钮"标签文字的设置一样，如图 11-11 所示，在表单中添加复选框。

步骤：04 设置复选框的属性。单击"复选框"对象，在其"属性"面板上进行属性设置，如图 11-12 所示。

图 11-12　复选框的"属性"面板

"复选框"对象具有下列属性：

（1）"复选框名称"：对复选框命名，通过该名称可以在脚本中引用复选框。

（2）"选定值"：设置复选框被选择时发送给服务器的值。

（3）"初始状态"：为设置首次载入表单时复选框是已选还是未选，具体同"单选按钮"。

3．插入列表和菜单

使用"列表/菜单"对象，可以让访问者从"列表/菜单"中选择选项。在拥有较多选项并且网页空间比较有限的情况下，"列表/菜单"将会发挥出最大的作用。其具体操作步骤如下。

步骤：01 将光标置于页面中需要插入列表、菜单的位置。

步骤：02 选择插入栏的"表单"分类，单击"列表/菜单"按钮，随后一个列表/菜单便插入到了网页中。

步骤：03 设置列表/菜单的属性。单击"列表/菜单"按钮，此时显示列表/菜单的"属性"面板，如图 11-13 所示。

图 11-13　列表/菜单的"属性"面板

列表/菜单的"属性"面板中的选项如下：

（1）"列表/菜单"：为列表/菜单指定一个名称。

（2）"类型"：有"菜单"和"列表"两种可选。

（3）"列表值…"：可选的列表的值。

（4）"高度"：用来设置列表菜单中的项目数。如果实际的项目数多于此数目，那么列表菜单的右侧将使用滚动条。

（5）"允许多选"：允许浏览者从列表菜单中选择多个项目。

（6）"初始化时选定"：可以设置一个项目作为列表中默认选择的菜单项。

步骤：04 单击"属性"面板中"列表值…"按钮，弹出"列表值"对话框，单击"+"按钮依次添加"项目标签"和"值"，如图 11-14 所示。单击"确定"按钮完成设置，效果如图 11-15 所示。

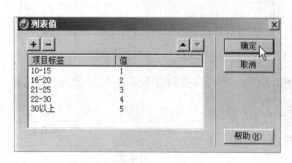

图 11-14　"列表值"对话框

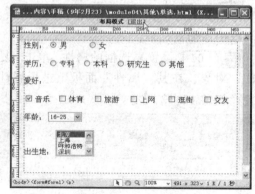

图 11-15　"列表值"效果

4．插入表单按钮

对表单而言，按钮是非常重要的，它能够控制对表单内容的操作，如"提交"按钮或"重置"按钮。要将表单内容发送到远端服务器上，请使用"提交"按钮；要清除现有的表单内容，请使用"重置"按钮。插入表单按钮的具体操作步骤如下。

步骤：01 将光标定位于页面中需要插入按钮的位置。

步骤：02 选择插入栏的"表单"分类，单击"按钮"按钮，随后一个按钮便插入到了网页中。

步骤：03 设置按钮的属性。单击"按钮"，此时显示按钮的"属性"面板，如图 11-16 所示。

图 11-16 按钮的"属性"面板

按钮"属性"面板中的选项如下：

（1）"按钮名称"：为按钮设置一个名称。

（2）"值"：设置显示在按钮上的文本。

（3）"动作"：为确定按钮被单击时发生的操作，有 3 种选择。

① "提交表单"：表示单击按钮将提交表单数据内容至表单域"动作"属性中指定的页面或脚本。

② "重设表单"：表示单击该按钮将清除表单中的所有内容。

③ "无"：表示单击该按钮时不发生任何动作。

步骤：04 添加"按钮"表单对象的页面效果如图 11-17 所示。

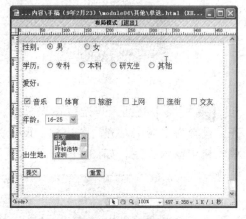

图 11-17 按钮效果

> **提 示**
>
> 表单实际包含的表单对象还有很多种，例如"单选按钮组""图像域""文件域""跳转菜单"等，其属性设置和使用方式与前面详细介绍的几种表单对象类似，在此请读者自行学习。

任务 3　创建电子邮件提交表单页面

交互式表单的作用是收集用户信息，将其提交到服务器，从而实现与浏览者的交互，如电子邮件提交表单等，一个完整的表单应该包括两个部分：一是在网页中进行描述的表单对象；二是应用程序，它可以是服务器端的，也可以是用户端的，用于对浏览者信息进行分析处理。

原始文件:12\原始文件\index.html 最终文件:12\最终文件\index.html

步骤: 01 打开 index.html 网页文件

步骤: 02 将插入点定位在相应的位置，选择"插入"→"表单"→"表单"命令，插入表单域，如图 11-18 所示。

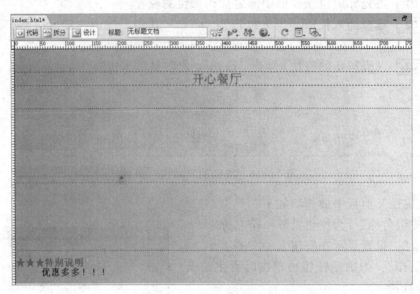

图 11-18　表单域

步骤: 03 将插入点定位在表单中，插入 9 行 2 列的表格，在"属性"面板中将"对齐"设置为"居中对齐"，"边框"设置为 1，"边框颜色"设置为#ff3300，分别在第 1 列的单元格中输入文字，如图 11-19 所示。

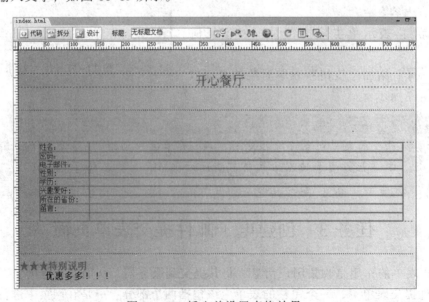

图 11-19　插入并设置表格效果

步骤: 04 将插入点定位在第 1 行第 2 列单元格中，选择"插入"→"表单"→"文本域"命令，插入文本域，在"属性"面板中将"字符宽度"设置为 25，"类型"设置为"单行"，如图 11-20 所示。

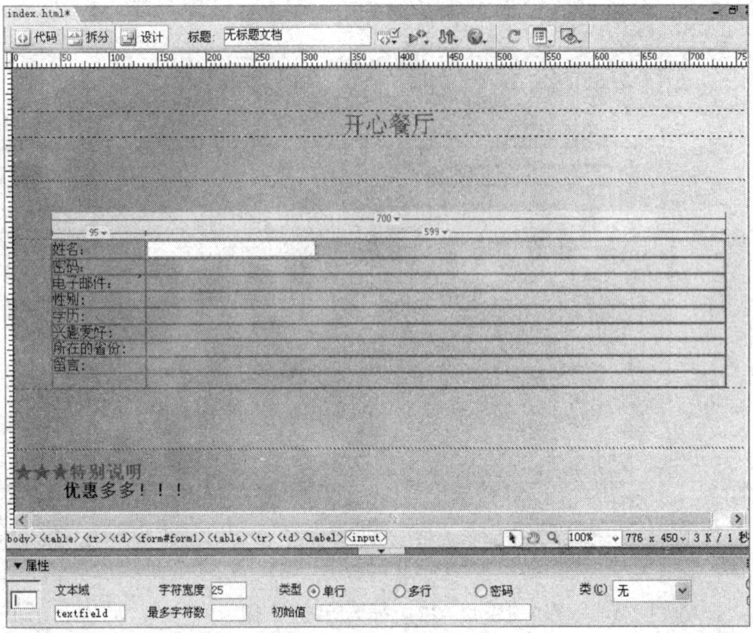

图 11-20 插入文本域

步骤：05 按照步骤 4 的方法在其他单元格中插入文本域，如图 11-21 所示。

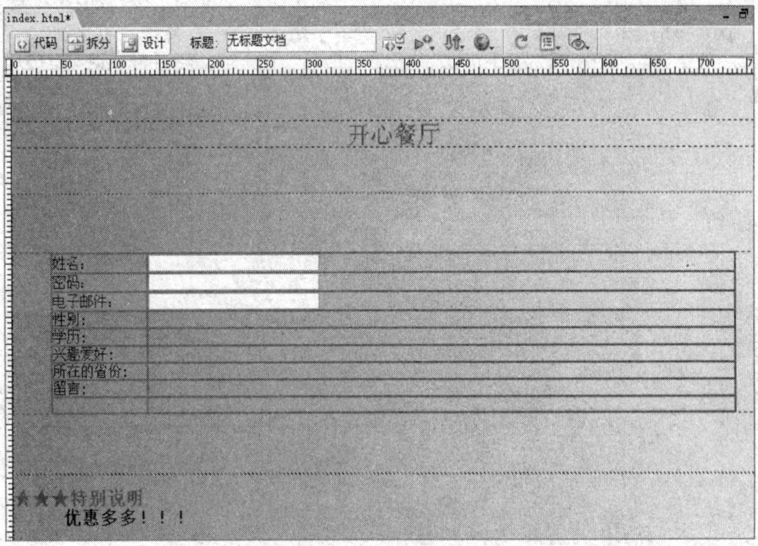

图 11-21 三个文本域

步骤：06 将插入点定位在第 4 行第 2 列单元格中，选择"插入"→"表单"→"单选按钮"命令，插入单选按钮。在"属性"面板中将"初始状态"设置为"已勾选"，如图 11-22 所示。

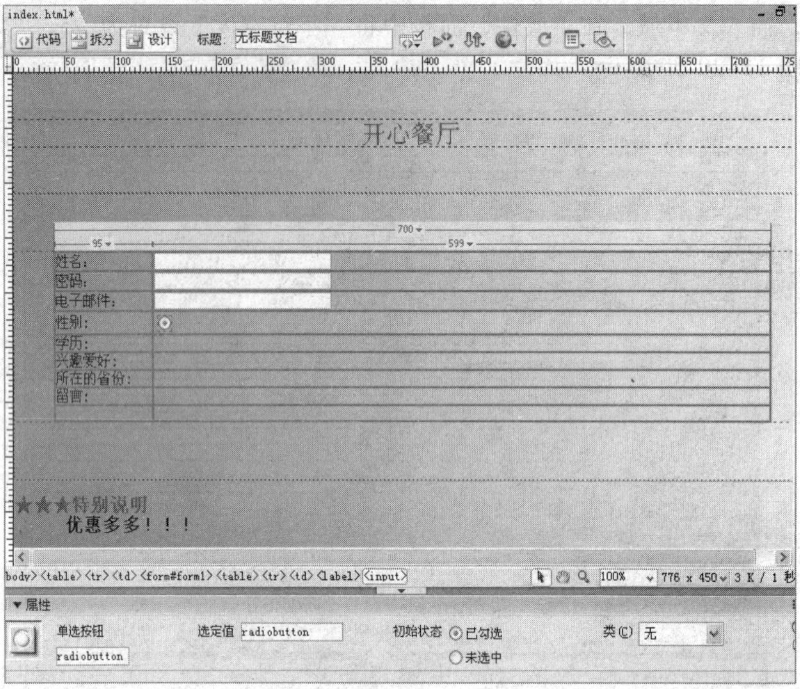

图 11-22　插入单选按钮

步骤 07　将插入点放置在单选按钮之后，输入文字"男"，在文字之后再插入单选按钮，将"初始状态"设置为"未选中"，在单选按钮之后输入文字"女"，如图 11-23 所示。

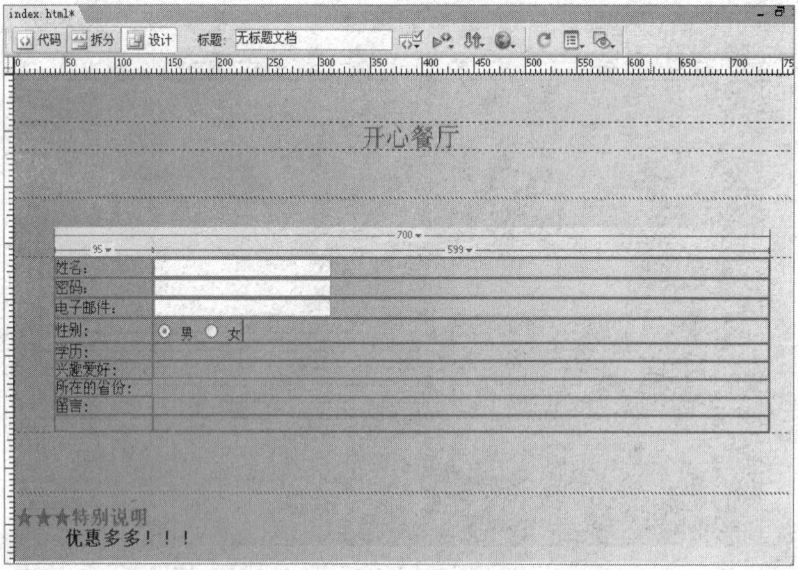

图 11-23　两个单选按钮

步骤 08　将插入点定位在第 5 行第 2 列单元格中，选择"插入"→"表单"→"单选按钮组"命令，在弹出的"单选按钮组"对话框中进行相应的设置，如图 11-24 所示。

步骤 09　单击"确定"按钮，插入单选按钮组，效果如图 11-25 所示。

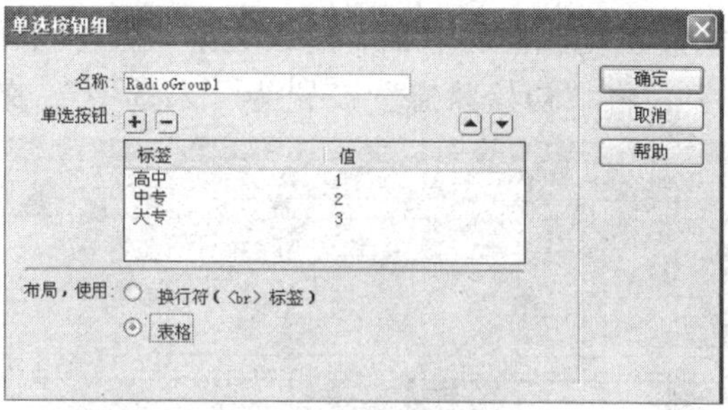

图 11-24　"单选按钮组"对话框

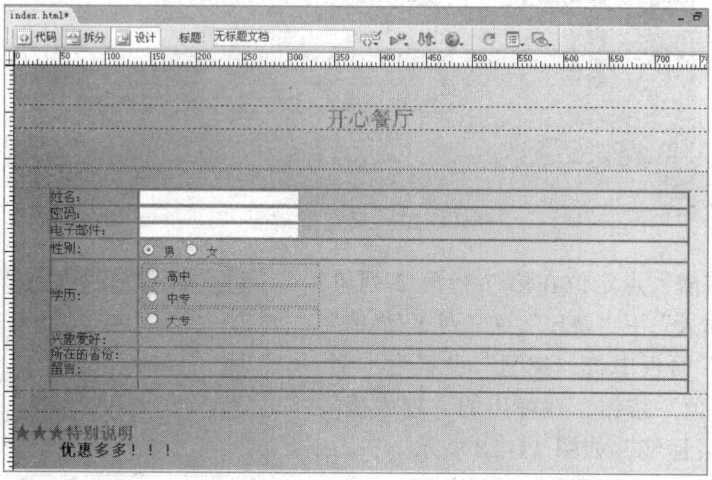

图 11-25　"单选按钮组"效果

步骤：10　将插入点定位在第 6 行第 2 列单元格中，选择"插入"→"表单"→"复选框"命令，在"属性"面板中将"初始状态"设置为"已勾选"，如图 11-26 所示。

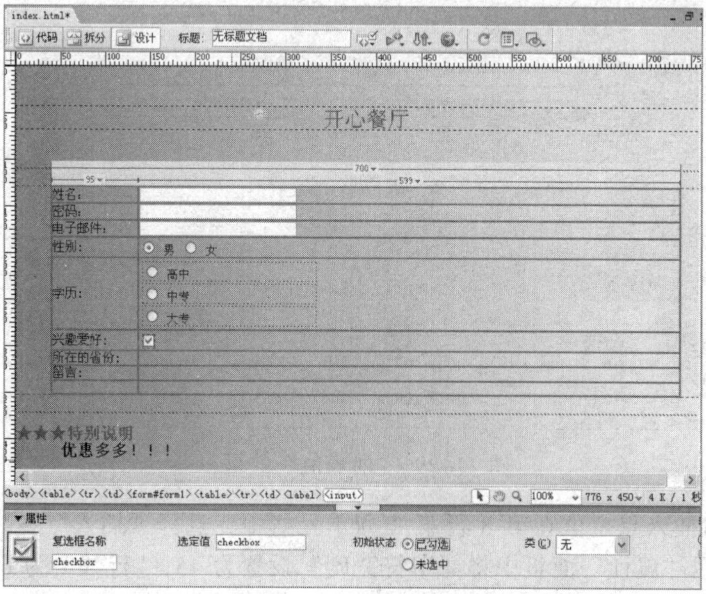

图 11-26　插入复选框

步骤: 11 将插入点放置在复选框的后面，输入文字"旅游"，按照步骤 9 ~ 步骤 11 的方法插入复选框并输入文字，将"初始状态"设置为"未选中"，效果如图 11-27 所示。

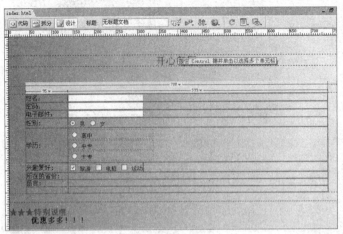

图 11-27 复选框效果

步骤: 12 将插入点定位在第 7 行第 2 列单元格中，选择"插入"→"表单"→"列表/菜单"命令，在"属性"面板中将"类型"设置为"菜单"，单击"列表值"按钮，在弹出的"列表值"对话框中添加项目标签，如图 11-28 所示。

步骤: 13 单击"确定"按钮，效果如图 11-29 所示。

图 11-28 "列表值"对话框

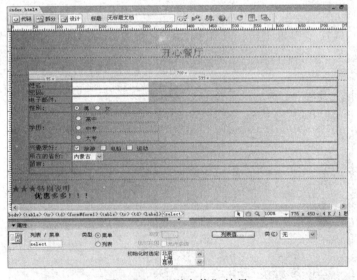

图 11-29 "列表值"效果

步骤: 14 将插入点定位在第 8 行第 2 列单元格中，选择"插入"→"表单"→"文本区域"命令，在"属性"面板中将"字符宽度"设置为 45，"行数"为 6，"类型"设置为"多行"，如图 11-30 所示。

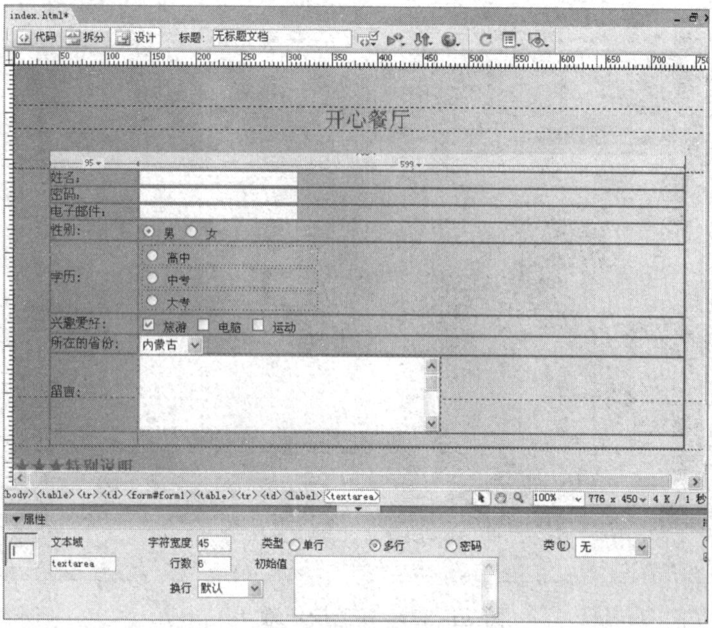

图 11-30 插入多行文本区域

步骤：15 将插入点定位在第 9 行第 2 列单元格中，选择"插入"→"表单"→"按钮"命令，在"属性"面板中，将"动作"设置为"提交表单"，如图 11-31 所示。

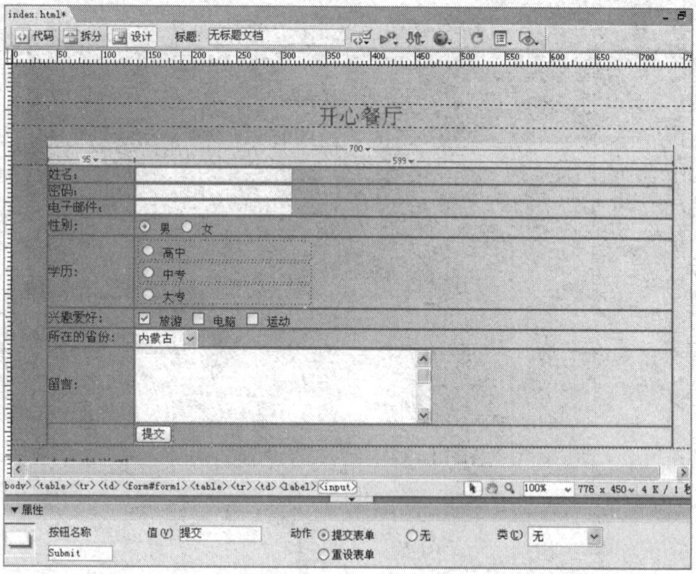

图 11-31 插入"提交"按钮

步骤：16 在按钮之后再插入按钮，将"动作"设置为"重置表单"。保存文档，预览，如图 11-32 所示。

步骤：17 选中表单域，在"属性"面板的"动作"文本框中输入 mailto:index@163.com，如图 11-33 所示。

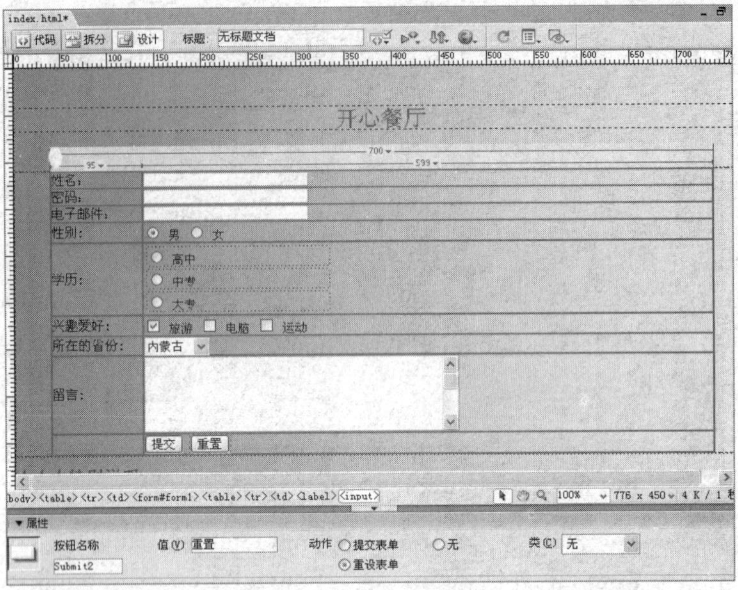

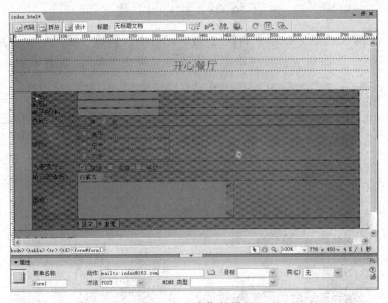

图 11-32 两个按钮效果

图 11-33 动作的设置

小　　结

　　表单是用来收集站点访问者信息的域集。使用表单可与 Web 站点的访问者进行交互，或从他们那里收集信息。

　　表单从用户收集信息，然后将这些信息提交给服务器进行处理。表单可以包含允许用户进行交互的各种对象，这些表单对象包括文本域、列表框、复选框和单选按钮。

　　本项目的基本要求，就是掌握这些对象的创建和使用。

项目 12 使用行为和 JavaScript 制作特效网页

学习目标

（1）掌握使用行为面板的方法。

（2）掌握创建各种网页的特效。

（3）掌握创建 JavaScript 的基本应用。

任务 1 认 识 行 为

行为是 Dreamweaver 中的一个重要部分，通过行为可以在网页上制作出一些简单的交互效果。行为由两个部分组成，即 Event（事件）和 Action（动作），通过事件的响应进而执行对应的动作。

1. 认识事件

行为实际是事件与动作的联合。事件用于指明执行某项动作的条件，如鼠标移到对象上方、离开对象、单击对象、双击对象、定时等都是事件。动作实际上是一段执行特定任务的、预先写好的 Javascript 代码，如打开窗口、播放声音、停止 Shockwave 电影等是动作。

事件由浏览器定义、产生与执行，例如，OnMouseout，OnMouseover 和 OnClick 在大多数浏览器中都用于和某个链接关联，而 onLoad 则用于与图片及文档的 body 关联。

2. 认识动作

动作是事件发生后网页所要做出的反应。

3. 为对象添加行为

添加行为时要遵循 3 个步骤：选择对象、添加动作和调整事件。

4. 设置状态栏文本

原始文件:12\原始文件\12.1\index.html
最终文件:12\最终文件\12.1\index.html

步骤：01 打开 index.htm 网页文件，如图 12-1 所示。

图 12-1 页面效果

步骤: 02 选中"房产信息"文字，选择"窗口"→"行为"命令，在弹出的"行为"面板中单击"添加行为"按钮 **+.**，在弹出的菜单中选择"设置文本"→"设置状态栏文本"命令，如图 12-2 所示。

图 12-2 "设置文本/设置状态栏文本"命令

步骤: 03 弹出"设置状态栏文本"对话框，在"消息"文本框中输入"欢迎光临房产信息！"，如图 12-3 所示。

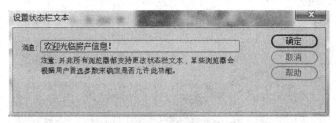

图 12-3 "设置状态栏文本"对话框

步骤：04 单击"确定"按钮，"行为"面板中添加了行为，如图 12-4 所示。

图 12-4 行为的触发方式

步骤：05 重复步骤 02-步骤 04，为"企业加盟""房屋普查""以案释法""优化环境"栏目，分别添加状态栏文本，保存并预览，效果如图 12-5 ~ 图 12-7 所示。

图 12-5 "房产信息"对应的状态栏文本

图 12-6 "企业加盟"对应的状态栏文本

图 12-7 "房屋普查"对应的状态栏文本

任务 2　利用 JavaScript 显示当前时间

　　JavaScript 是一种基于对象和事件驱动并具有安全性的脚本语言。使用他的目的是 HTML 超文本标记语言一起实现在一个 Web 页面中与 Web 客户交互作用。

在 JavaScript 运算符可分为：算术运算符、比较运算符、逻辑运算符、字符串运算符、赋值运算符。在 JavaScript 中主要有双目运算符和单目运算符。

JavaScript 是一种比较简单的编程语言，使用方法是向 Web 页面的 HTML 文件增加一个脚本，而不需要单独编译解释，当一个支持 JavaScript 的浏览器打开这个页面时，它会读出一个脚本并执行其命令，可以直接将 JavaScript 代码加入 HTML 中。其中<Script>表示脚本的开始，使用 Language 属性定义脚本语言为 JavaScript，在标记<Script Language="JavaScript">与</Script>之间就可以加入 JavaScript 脚本。

利用 JavaScript 脚本可以添加显示当前时间和日期特效，首先需要定义月份和日期数组，创建一个 Date()对象实例，利用 getYear()、getMonth()、getDate()、getDay()分别获取当前年、月、日、日期和星期，然后利用 document.write()方法输出当前日期和时间。

提 示

脚本语言都是客户端执行的，速度很快，并且大多的操作与服务器没有交互运算，所以在一些网页应用中非常广泛。

原始文件:12\原始文件\12.2\index.html 最终文件:12\最终文件\12.2\index.html

步骤: 01 打开 index.htm 网页文件，如图 12-8 所示。

图 12-8 页面效果

步骤：02 光标定位在楼盘简介上方空白的地方，切换成拆分视图，在相应的位置输入以下代码：

```
<SCRIPT language=JavaScript1.2>
var isnMonth = new
Array("1 月","2 月","3 月","4 月","5 月","6 月","7 月","8 月","9 月","10 月", "11 月","12 月");
var isnDay = new
Array("星期日","星期一","星期二","星期三","星期四","星期五","星期六","星期日");;
today = new Data();
Year = today.getYear();
Date = today.getData();
if (document.all)
document.write(Year+" 年 "+isnMonth[today.getMonth()]+Data+" 日 "+isnDay[today.getDay()])
</SCRIPT>
```

步骤：03 保存并预览，可观察到网页中显示了当前的日期。

任务3 Dreamweaver 内置行为

Dreamweaver 内置行为有调用 JavaScript 行为、改变属性行为、检查浏览器行为、检查插件行为、控制 Shockwave 或 Flash 行为、拖动 AP 元素行为、转到 URL 行为、跳转菜单行为、跳转菜单转到行为、打开浏览器窗口行为、播放声音行为、弹出消息行为、预先载入图像行为、设置导航栏图像行为、设置框架文本行为、设置容器的文本行为、设置状态栏文本行为、设置文本域文字行为、显示-隐藏元素行为、显示弹出菜单行为、交换图像行为、检查表单行为等。

> 素材:12\原始文件\12.3\images\　　最终文件:13\最终文件\13.3\

1. 应用交换图像行为

步骤：01 新建一个网页文件 index1.html。

步骤：02 执行"插入"→"图像对象"→"鼠标经过图像"命令，弹出"插入鼠标经过图像"对话框。

步骤：03 选择 images 文件夹下的两个不同的图片（Rolls Royce.jpg 和 Rolls Royce1.jpg），如图 12-9 所示，单击"确定"按钮。

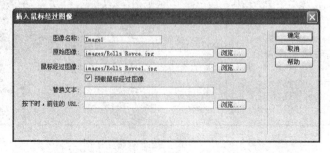

图 12-9 "插入鼠标经过图像"对话框

2. 应用打开浏览器窗口行为

步骤: 01　新建一个网页文件 index2.html。

步骤: 02　执行"行为"面板的"添加行为"→"打开浏览器窗口"命令，弹出"打开浏览器窗口"对话框，如图 12-10 所示。

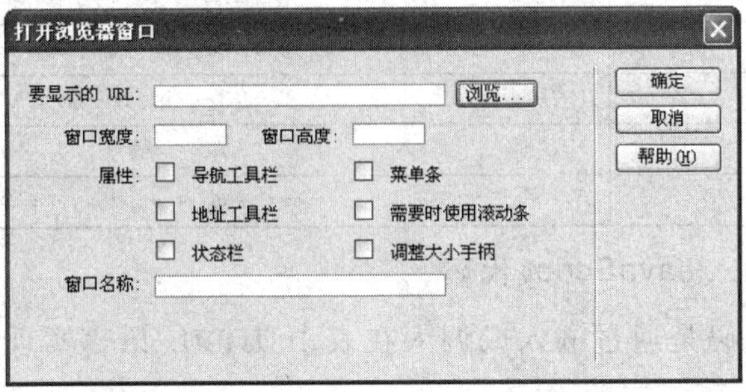

图 12-10　"打开浏览器窗口"对话框

步骤: 03　单击"浏览"按钮，弹出"选择文件"对话框，选择"index1.html"后单击"确定"按钮。

步骤: 04　单击"打开浏览器窗口"对话框的"确定"按钮。

3. 其他行为

步骤: 01　新建一个网页文件 index3.html，在页面中输入"关闭浏览器"文字。

步骤: 02　选择"关闭浏览器"文本。

步骤: 03　执行"行为"面板的"添加行为"→"调用 JavaScript"命令，弹出"调用 JavaScript"对话框，如图 12-11 所示。

步骤: 04　在 JavaScript 文本框输入 window.close()后单击"确定"按钮，完成设置。

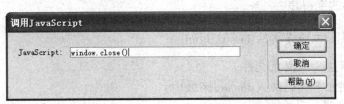

图 12-11　"调用 JavaScript"对话框

任务 4　插入 JavaScript 特效

JavaScript 是一种基于对象和事件驱动并具有安全性的脚本语言。使用它的目的是 HTML 超文本标记语言一起实现在一个 Web 页面中与 Web 客户交互作用。

1. JavaScript 运算符

JavaScript 运算符可分为：算术运算符、比较运算符、逻辑运算符、字符串运算符、赋值运算符（见表 12-1）。在 JavaScript 中主要有双目运算符和单目运算符。

双目运算符的格式为：操作数 1 运算符 操作数 2，如 100+200 等。

单目运算符：只有一个操作数，如 100++，--2 等。

表 12-1 JavaScript 运算符

分 类	运 算 符
算术运算符	+、-、*、/、++、--等
比较运算符	!、=、==、>、<=、<=、===、!==等
逻辑运算符	!、||、&&等
字符运算符	=等
赋值运算符	=、-=、+=、*=、/=等

2．在 HTML 里加入 JavaScript 代码

JavaScript 脚本代码是通过嵌入或调入在表中 HTML 语言实现的，它的出现弥补了 HTML 语言的缺陷。

JavaScript 是一种比较简单的编程语言，使用方法是向 Web 页面的 HTML 文件增加一个脚本，而不需要单独编译解释。当一个支持 JavaScript 的浏览器打开这个页面时，它会读出一个脚本并执行其命令，可以直接将 JavaScript 代码加入 HTML 中。其中<Script>表示脚本的开始，使用 Language 属性定义脚本语言为 JavaScript，在标记<Script Language="JavaScript">与</Script>之间就可以加入 JavaScript 脚本。

例：

```
<Script Language="JavaScript">
Function tuichu(){
    Window.close();
}
</Script>
```

3．跟随鼠标的字符串

最终文件:13\最终文件\index1.html

步骤:01 新建一个网页文件。

步骤:02 把如下代码加入<head>区域中：

```
<style type="text/css">                 //定义内部 CSS 样式
.spanstyle {
    COLOR:#ff00ff;FONT-FAMILY:宋体;FONT-SIZE:14pt;POSITION:absolute;
        TOP: -50px; VISIBILITY: visible
}
</style>
<script>                                 //JavaScript 代码
var x, y
var step=18
var flag=0
var message="欢迎光临 "                   //定义跟随鼠标的字符串
message=message.split("")
var xpos=new Array()
for (i=0;i<=message.length-1;i++){
```

```
    xpos[i]=-50
}
var ypos=new Array()
for (i=0;i<=message.length-1;i++){
    ypos[i]=-200
}

function handlerMM(e){
    x=(document.layers)? e.pageX : document.body.scrollLeft+event.clientX
    y=(document.layers)? e.pageY : document.body.scrollTop+event.clientY
    flag=1
}

function makesnake(){
    if (flag==1&&document.all){
    for (i=message.length-1;i>=1;i--){
            xpos[i]=xpos[i-1]+step
            ypos[i]=ypos[i-1]
    }
        xpos[0]=x+step
        ypos[0]=y
        for (i=0;i<message.length-1;i++){
            var thisspan=eval("span"+(i)+".style")
            thisspan.posLeft=xpos[i]
            thisspan.posTop=ypos[i]
        }
    }
    else if (flag==1&&document.layers){
        for (i=message.length-1;i>=1;i--){
            xpos[i]=xpos[i-1]+step
            ypos[i]=ypos[i-1]
        }
        xpos[0]=x+step
        ypos[0]=y
        for (i=0;i<message.length-1;i++){
            var thisspan=eval("document.span"+i)
            thisspan.left=xpos[i]
            thisspan.top=ypos[i]
        }
    }
    var timer=setTimeout("makesnake()", 30)
}
</script>
```

步骤: 03　把如下代码加入<body>区域中：

```
<script>                              //JavaScript 代码
<!-- Beginning of JavaScript -
for (i=0;i<=message.length-1;i++){
```

```
      document.write("<span id='span"+i+"' class='spanstyle'>")
      document.write(message[i])
      document.write("</span>")
}
if (document.layers){
      document.captureEvents(Event.MOUSEMOVE);
}
document.onmousemove=handlerMM;
</script>
```

步骤:04 把<body>改为<body bgcolor="#ffffff" onload="makesnake()">。

步骤:05 浏览页面，如图 12-12 所示。

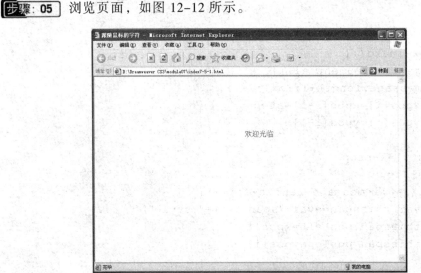

图 12-12　效果图

4. 时钟显示在任意指定位置

✎ 最终文件:13\最终文件\index2.html

步骤:01 新建一个网页文件。

步骤:02 把如下代码加入<body>区域中:

```
<h1 align="center">时钟显示在任意指定位置</h1>
<span id=liveclock style=position:absolute;left:250px;top:122px;; width:
        109px; height: 15px>
</span>                              //设置时钟显示位置和大小
<SCRIPT language=javascript>        //JavaScript 代码
<!--
function show5()                    //定义 JavaScript 函数
{
    if(!document.layers&&!document.all)
        return
    var Digital=new Date()
    var hours=Digital.getHours()
```

```
var minutes=Digital.getMinutes()
var seconds=Digital.getSeconds()
var dn="AM"
if(hours>12){                          //下午的时间改为 1-12 点
    dn="PM"
    hours=hours-12
}
if(hours==0)
    hours=12
if(minutes<=9)
    minutes="0"+minutes
if(seconds<=9)
    seconds="0"+seconds
myclock="<font size='5' face='Arial'><b>系统时间:</br>"+hours+":"+
        minutes+":"+seconds+" "+dn+"</b></font>"
if(document.layers){
document.layers.liveclock.document.write(myclock)
    document.layers.liveclock.document.close()
}
else if(document.all)
    liveclock.innerHTML=myclock
setTimeout("show5()", 1000)
}
//>
</SCRIPT>
```

步骤: 03 把<body>中的内容改为:

`<body bgcolor="#ff00ff" ONLOAD=show5()>`

步骤: 04 浏览页面,如图 12-13 所示。

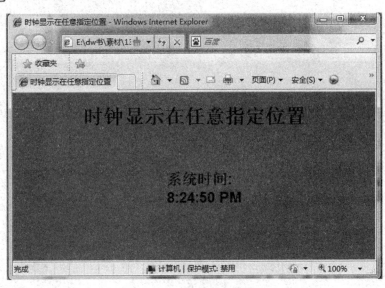

图 12-13 页面效果

小　结

使用行为可以轻松地制作出动态网页效果，而不需要自己编写 JavaScript 代码。Javascript 的应用，可以使网页效果更好更丰富多彩。

本项目的基本要求，就是掌握行为和 javascript 的创建和使用。

项目 **13** 连接数据库创建动态网页

学习目标

（1）了解在 IIS 中配置服务器环境的方法。

（2）掌握在 Dreamweaver CC 中创建动态网页。

（3）掌握在 Access2003 中建立 Web 数据库。

（4）掌握在 Dreamweaver CC 中连接并操作 Web 数据库。

任务 1   创建并浏览动态网页

ASP 是 Active Server Page 的缩写，意为"动态服务器页面"，是当前使用较为广泛的一种动态网页技术。ASP 是微软公司开发的代替 CGI 脚本程序的一种应用，它可以与数据库和其他程序进行交互，是一种简单、方便的编程工具。ASP 的网页文件的格式是.asp，现在常用于各种动态网站中。

ASP 是一种服务器端脚本编写环境，可以用来创建和运行动态网页或 Web 应用程序。ASP 网页可以包含 HTML 标记、普通文本、脚本命令以及 COM 组件等。利用 ASP 可以向网页中添加交互式内容（如在线表单），也可以创建使用 HTML 网页作为用户界面的 Web 应用程序。与 HTML 相比，ASP 网页具有以下特点：

（1）利用 ASP 可以实现突破静态网页的一些功能限制，实现动态网页技术。

（2）ASP 文件是包含在 HTML 代码所组成的文件中的，易于修改和测试。

（3）服务器上的 ASP 解释程序会在服务器端执行 ASP 程序，并将结果以 HTML 格式传送到客户端浏览器上，因此使用各种浏览器都可以正常浏览 ASP 所产生的网页。

（4）ASP 提供了一些内置对象，使用这些对象可以使服务器端脚本功能更强。例如可以从 Web 浏览器中获取用户通过 HTML 表单提交的信息，并在脚本中对这些信息进行处理，然后向 Web 浏览器发送信息。

（5）ASP 可以使用服务器端 ActiveX 组件来执行各种各样的任务，例如存取数据库、发送 E.mail 或访问文件系统等。

（6）由于服务器是将 ASP 程序执行的结果以 HTML 格式传回客户端浏览器，因此使用者不会看到 ASP 所编写的原始程序代码，可防止 ASP 程序代码被窃取。

（7）方便连接 Access 与 SQL 数据库。

（8）开发需要有丰富的经验，否则会留出漏洞，被黑客（cracker）利用进行注入攻击。

ASP 也不仅仅局限于与 HTML 结合制作 Web 网站，而且还可以与 XHTML 和 WML 语言结合制作 WAP 手机网站，其原理也是一样的。

IIS（Internet Information Server，互联网信息服务）是一种 Web（网页）服务组件，其中包括 Web 服务器、FTP 服务器、NNTP 服务器和 SMTP 服务器，分别用于网页浏览、文件传输、新闻服务和邮件发送等方面。

使用 Dreamweaver CC 开发动态网页的一般流程为：

① 分析项目的要求，建立数据库；

② 定义一个站点；

③ 创建静态网页；

④ 建立数据连接；

⑤ 在网页中创建记录集；

⑥ 在网页中添加服务器行为；

⑦ 测试和调试网页。

1．安装服务器平台

一般 Windows XP Professional 安装完成后，系统不包含 IIS，需要手动进行安装。安装步骤如下。

步骤：01 双击"我的电脑"→"控制面板"→"添加/删除程序"命令，如图 13-1 所示，单击左边的"添加/删除 Windows 组件"选项，弹出"Windows 组件向导"对话框，如图 13-2 所示。

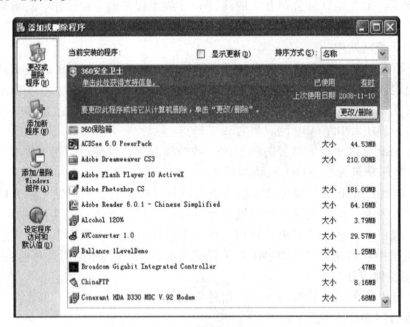

图 13-1 "添加或删除程序"对话框

步骤：02 选中"Internet 信息服务（IIS）"前的复选框，可以选中安装 IIS 中主要的组件。在计算机光驱中装入 Windows XP Professional 安装光盘后，单击"下一步"按钮，系统开始复制文件，如图 13-3 所示。

步骤：03 复制完成后，IIS 的安装完成，关闭向导对话框，重启操作系统即可。

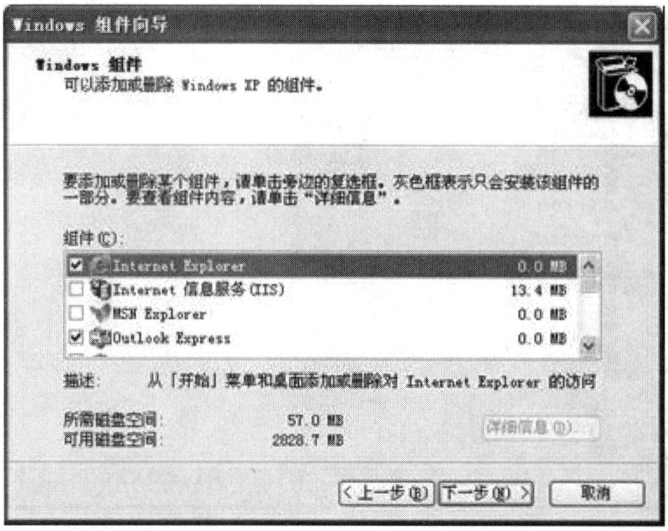

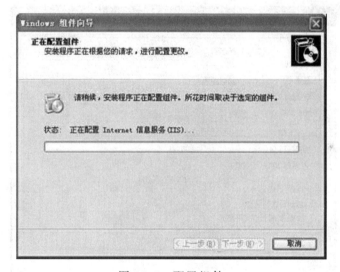

图 13-2 "Windows 组件向导"对话框

图 13-3 配置组件

2．配置服务器平台

IIS 安装完成后，需要对其进行配置才能运行指定的动态网页，配置如下。

步骤：01 在本地硬盘中建立准备放置网站的文件夹，如 e:\asphome。

步骤：02 右击桌面"我的右脑"图标，选择"管理"命令，打开"计算机管理"面板，如图 13-4 所示。

步骤：03 展开左侧的"服务和应用程序" → "Internet 信息服务" → "网站"，右击"默认网站"图标，选择"属性"命令，打开"默认网站"的配置对话框，如图 13-5 所示。其中"IP 地址"是将来访问网站使用的网站地址，用于本机调试时，可以使用"127.0.0.1"，如需要对外提供服务，则应该使用本机网卡的 IP 地址。

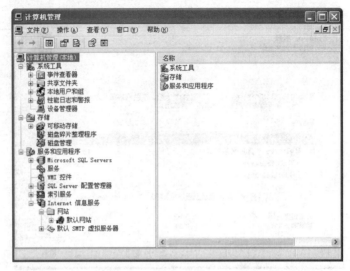

图 13-4 "计算机管理"面板

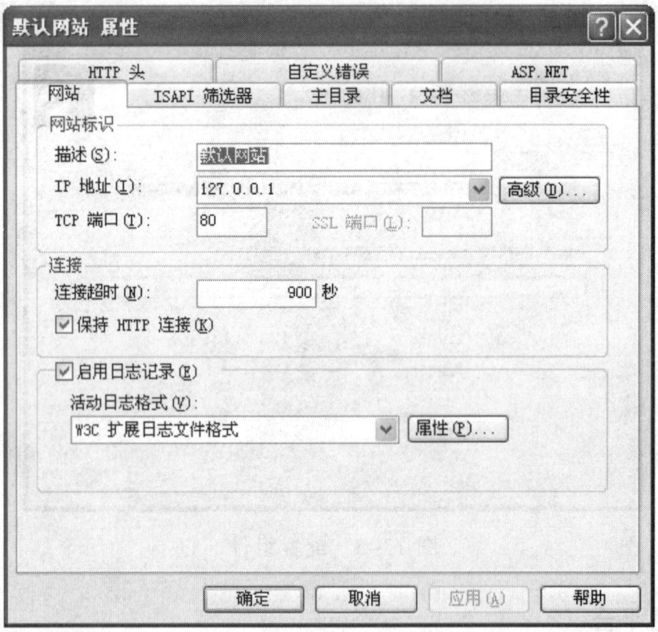

图 13-5 "默认网站属性"对话框

步骤 04 打开"主目录"选项卡,如图 13-6 所示。其中"本地路径"就是本机用来存储网站的目录。

步骤 05 单击"浏览"按钮,在弹出的对话框中选择 e:\asphome 作为网站的本地路径。并选中"脚本资源访问""读取""写入"和"目录浏览"4 个复选框,其中目录浏览只在调试时使用,如需要对外提供服务,一般应该取消此项选择。

步骤 06 打开"文档"选项卡,如图 13-7 所示。

步骤 07 单击"添加"按钮,输入 index.asp 并确定,将 index.asp 添加到网站默认文档列表中,然后选中列表中的 index.asp,并重复单击向上的按钮,将 index.asp 移至第一位。

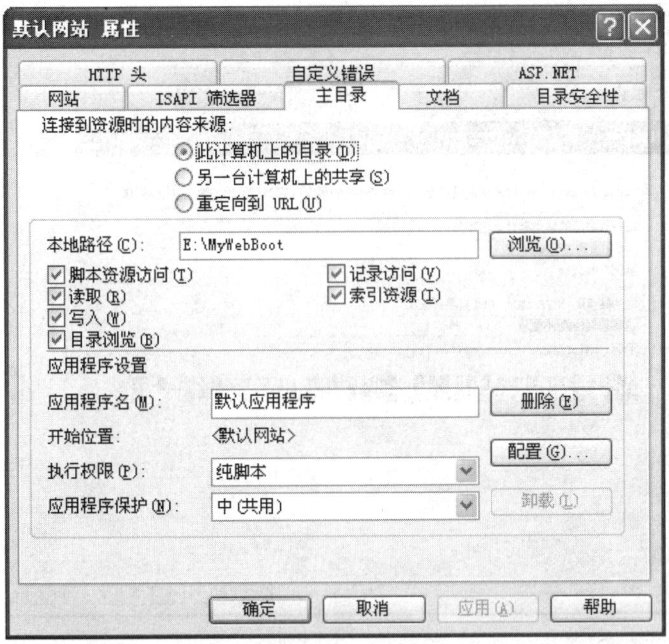

图 13-6　"主目录"选项卡

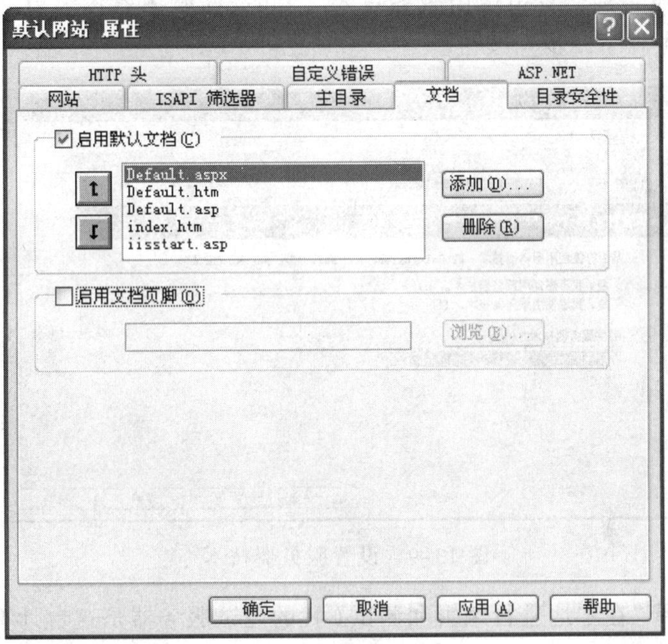

图 13-7　"文档"选项卡

步骤：08　单击"确定"按钮，即可完成 IIS 的基本配置。

3．创建并运行动态网页

步骤：01　打开 Dreamweaver CC 的新建站点向导，如图 13-8 所示，设置站点名称为"asp 留言板"，HTTP 地址为"http://127.0.0.1/"，单击"下一步"按钮。

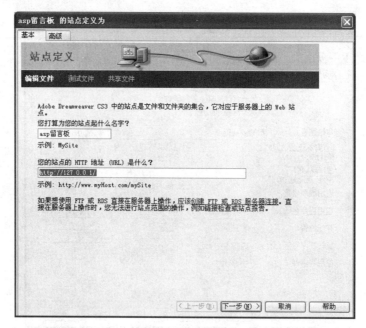

图 13-8　站点向导

步骤：02 选择"是，我想使用服务技术"，并选择服务器技术为 ASP VBScript，如图 13-9 所示，单击"下一步"按钮。

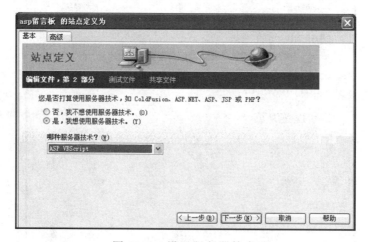

图 13-9　设置服务器技术

步骤：03 选择"在本地进行编辑和测试（我的测试服务器是这台计算机）"单选按钮，并设置存储文件位置为 E:\AspHome，如图 13-10 所示，单击"下一步"按钮。

步骤：04 设置浏览站点根目录的 URL 为 http://127.0.0.1/，如图 13-11 所示，单击"下一步"按钮。

步骤：05 单击"下一步"至"完成"按钮，即完成了站点的配置。打开站点中的 asptest.asp 文件，按【F12】键进行预览，如果能在打开的 IE 浏览器页面中显示出"ASP 演示"字样，表示站点配置成功，否则请检查以上步骤是否正确执行。

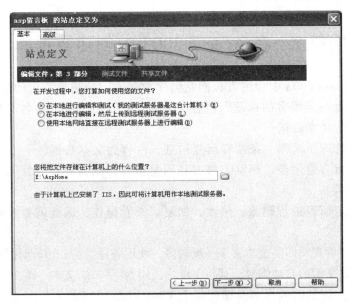

图 13-10 本地测试

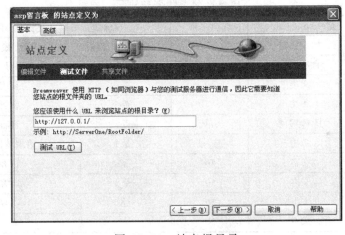

图 13-11 站点根目录

📢 知识点

测试服务器的设置:

（1）"在本地进行编辑和测试（我的测试服务器是这台计算机）"：用于本机皆有编辑工具和服务器环境的情况。使用时需要先设置 IIS 的主目录指向网站存储位置，然后在站点设置中指定相同的位置进行编辑。

（2）"在本地进行编辑，然后上传到远程测试服务器"：用于本机没有服务器环境的情况。在每次完成对页面的编辑后，需要保存并发送文件到另一台服务器中进行测试，然后在浏览器中使用测试服务器的地址浏览网页效果，一般使用 FTP 连接。

（3）"使用本地网络直接在远程测试服务器上进行编辑"：用于网站文件只存储在本地网络上另一台测试服务器中的情况。编辑网页时，需要先通过本地文件共享方式连接到测试服务器，直接打开远程服务器主目录中的文件进行编辑，完成后直接保存即可预览。

任务 2　在 Access 2003 中创建数据库

本任务将在 Access 2003 中为留言板网站创建数据库，分析留言板的数据需求如下：

（1）需要存储每一条留言的标题、内容、时间，以及留言者的姓名、邮箱、头像地址及 QQ 号，以上都为文本数据。

（2）需要存储管理员对每一条留言回复信息，内容为文本数据。

（3）需要设立留言管理员，删除、修改和回复留言，则需要存储管理员的登录用户名及密码，用于身份验证。

（4）需要对指定留言进行删除、修改、回复、查看操作，因此需要为每条留言分配一个唯一的编号。

（5）留言内容与管理员回复文本文字一般较多，使用备注类型；留言时间使用日期/时间类型；留言编号使用数字型的自动编号；其他字段均使用 50 字节的文本，即 25 个以内的汉字。

根据以上分析，用到的数据表及结构如表 13-1 和表 13-2 所示。

表 13-1　留言板数据库表结构——留言表

表　　名	MessageTable	作　　用	存储留言板留言及管理员回复数据	
列　　名	数据类型	长　　度	允许为空	字 段 说 明
ID	自动编号		否	自动编号的唯一索引
MessTitle	文本	50	否	留言标题
MessContents	备注		否	留言内容
MessTime	日期/时间		否	留言时间
ReplyContents	备注		是	管理员回复内容
VisiName	文本	50	否	访客名称
VisiEMail	文本	50	是	访客邮箱
VisiImage	文本	50	否	访客头像
VisiQQ	文本	50	是	访客 QQ

表 13-2　留言板数据库表结构- 管理员表

表　　名	ManageUser	作　　用	管理员表	
列　　名	数 据 类 型	长　　度	允 许 为 空	字 段 说 明
UserName	文本	50	否	管理员用户名
PassWord	文本	50	否	管理员密码

步骤：01 启动 Microsoft Access 2003，选择菜单"文件"→"新建"命令，在右侧的"新建文件"任务窗格中，单击"空数据库"选项，弹出"文件新建数据库"对话框，如图 13-12 所示。

步骤：02 新建名为"DataBase.mdb"的文件数据库，并保存在目录 e:\asphome 下。单击"创建"按钮后，新数据库将被创建并打开，如图 13-13 所示。

步骤：03 在图 13-13 中，双击"使用设计器创建表"选项，打开表设计器，并按表 13-1 输入各字段。

图 13-12 "文件新建数据库"对话框

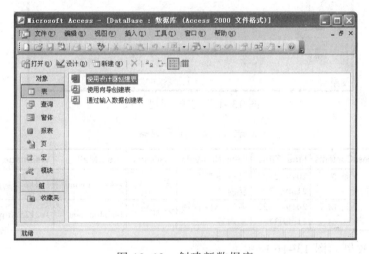

图 13-13 创建新数据库

步骤: 04 选中 ID 字段，单击菜单"编辑"→"主键"按钮，将 ID 字段设置为主键。选中 MessTime 字段，设置"默认值"为"NOW()"，如图 13-14 所示。

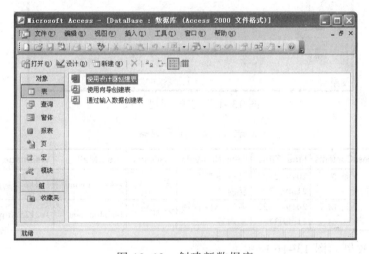

图 13-14 设置主键

步骤: 05 单击菜单"文件"→"保存"按钮,在弹出的输入框中输入 MessageTable,单击"确定"后完成 MessageTable 表的创建,如图 13-15 所示。

步骤: 06 双击 MessageTable 表,打开数据查看与输入界面,输入两条示例数据,供下一步调试程序用,示例数据如表 13-3 所示。

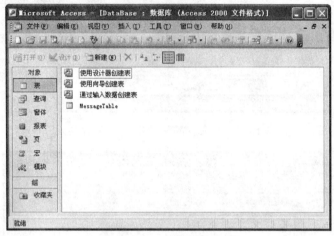

图 13-15　表的创建完成

表 13-3　示例数据

ID	MessTitle	MessContents	MessTime	ReplyContents	VisiName	VisiEMail	VisiImage	VisiQQ
1	第一条留言	第一条留言内容	2019-2-22 21:49:37	第一条留言回复内容	张三	zs@sina.com	1a212724.jpg	57816002
2	第二条留言	第二条留言内容	2019-2-22 21:49:37	第二条留言回复内容	李四	ls@sina.com	1a212516.jpg	57816002

输入完成后效果如图 13-16 所示。

图 13-16　数据显示

步骤: 07 用相同的方法创建表 ManageUser,设置 UserName 字段为主键,并输入示例数据如表 13-4 所示。

表 13-4　示例数据

UserName	PassWord
admin	123456

任务 3　连接并读取 Access 2003 数据库

1. 连接到 Access 2003 数据库

要在 ASP 中操作数据库,首先要创建一个指向该数据库的连接。在 Dreamweaver 中,数据库连接有两种方式，一是使用连接字符串，二是使用 ODBC 数据源。下面使用连接字符串连接 Access 2003 数据库。

步骤：01　在 Dreamweaver 中新建类型为 ASP VBScrip 的空白页，保存路径为 e:\asphome\Index.asp。

步骤：02　展开"应用程序"面板，打开其中的"数据库"选项卡，如图 13-17 所示。如前 3 项不全选中，请检查站点设置及文档类型设置是否正确。

步骤：03　单击 ➕ 按钮，选择"自定义连接字符串"选项，弹出"自定义连接字符串"窗口，如图 13-18 所示。

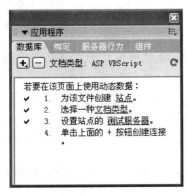

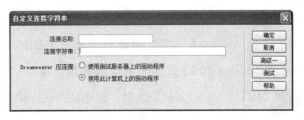

图 13-17　"数据库"选项卡　　　　图 13-18　"自定义连接字符串"窗口

步骤：04　在"连接名称"文本框中输入 conn，这是自定义代表特定数据库连接的名称，后面的所有数据库操作都将通过该连接进行；在"连接字符串"文本框中输入 Driver={Microsoft Access Driver(*.mdb)};Dbq=E:\ AspHome\ DataBase.mdb;Uid=Admin;Pwd=;，然后单击"测试"按钮，如果提示"成功创建连接脚本"，则表示连接成功，否则请检查连接字符串是否正确录入。

步骤：05　单击"确定"按钮，保存该连接，"应用程序"面板将显示连接 conn，逐层展开前面的"+"号，可以查看数据库中的表和字段；右击表名并选择"查看数据"命令，可以查看表的所有数据记录，如图 13-19 所示。

图 13-19　表的所有数据记录

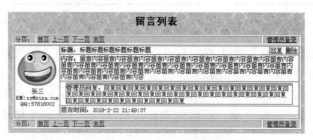

知识点

1. ODBC 与 OLE DB

（1）ODBC（开放数据库互连）：Microsoft 引进的一种早期数据库接口技术，它实际上是 ADO 的前身。

（2）OLE DB（对象链接和嵌入数据库）：位于 ODBC 层与应用程序之间，在 ASP 页面里，ADO 是位于 OLE DB 之上的"应用程序"，ADO 调用先被送到 OLE DB，然后再交由 ODBC 处理。

2. 使用连接字符串连接数据库

（1）SQL Server 数据库与 Access 数据库是在 Windows 平台下使用较为广泛的两种数据库系统。

（2）连接 SQL Server 数据库。共连接方式有 ODBC 方式和 OLE DB 方式。

（3）连接 Access 数据库。共连接方式有 ODBC 方式和 OLE DB 方式。

2. 从 Access 2003 数据库中读取数据记录

步骤：01 在 index.asp 文件中，创建如图 13-20 所示表格及页面，用于显示留言数据。

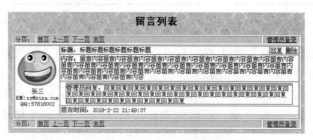

图 13-20　创建的表格效果

步骤：02 打开"应用程序"面板中的"绑定"选项卡，单击 ➕ 按钮，选择"记录集"选项，弹出"记录集"对话框。各项设置如图 13-21 所示，然后单击"确定"按钮。

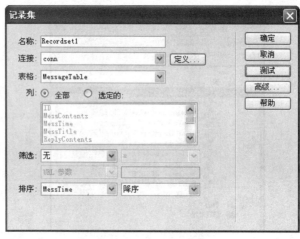

图 13-21　"记录集"对话框

步骤：03　使用标签选择器选中最外层表格的第二行\<tr>标签，即包含一条留言内容的表格行中；然后打开"应用程序"面板中的"服务器行为"选项卡，单击 ➕ 按钮，选择"重复区域"选项，弹出"重复区域"设置对话框，设置如图 13-22 所示，单击"确定"按钮。

步骤：04　选中表格中"标题："后的示例文本，如图 13-23 所示。

图 13-22　"重复区域"对话框

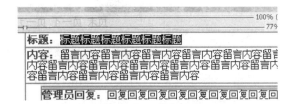

图 13-23　选中文本

步骤：05　然后打开"应用程序"面板中的"服务器行为"选项卡，单击 ➕ 按钮，选择"动态文本"选项，弹出"动态文本"对话框，对话框设置如图 13-24 所示。然后单击"确定"按钮，即可完成"留言标题"与"MessTitle"字段的绑定。

步骤：06　重复上一步操作，依次完成留言内容、留言时间、管理员回复、回复时间、访客姓名、访客邮箱以及访客 QQ 号的绑定。

步骤：07　选中访客头像图片，单击"属性"面板中"源文件"后的"浏览文件"图标，打开"选择图像源文件"对话框；设置域为 VisiImage，并在自动生成的"URL"内容前加上图片所在的路径 images/UserImage/，即"URL"内容设置为：images/UserImage/<%=(Recordset1. Fields.Item("VisiImage").Value)%>，如图 13-25 所示，单击"确定"按钮完成设置。

图 13-24　"动态文本"对话框

图 13-25　"选择图像源文件"对话框

步骤：08　选中网页中"分页"栏中的"首页"选项，打开"应用程序"面板中的"服务器行为"选项卡，单击 ➕ 按钮，选择"记录集分页"→"移至第一条记录"选项，在弹出的对话框中直接单击"确定"按钮，即可实现分页功能中跳转到"首页"的功能。

步骤：09　依次完成"上一页""下一页"及"末页"的跳转功能，当留言记录大于 5 条时，就可以使用分页跳转功能，在不同的数据页间跳转。

完成以上 5 个步骤后的网页"设计"视图如图 13-26 所示，当前"应用程序"面板中包含的"服务器行为"如图 13-27 所示。

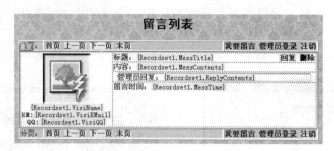

图 13-26 "设计"视图

至此，已经完成数据库中留言数据的读取与显示功能，按【F12】键可以预览网页的完成效果，如图 13-28 所示。

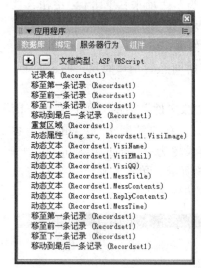

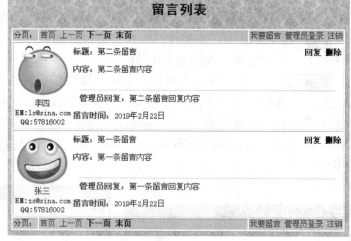

图 13-27 "服务器行为"选项卡　　　　　图 13-28 页面效果

📢 知识点

1. 创建记录集（查询）

记录集是根据查询关键字在数据库中查询得到的数据库中记录的子集。记录集由查询来定义，查询则由搜索条件组成，这些条件决定了在记录集中应用包括什么、不应该包括什么。查询结果可以包括某些字段，或者某些记录，或者是两者的结合。

创建记录集的操作要在"记录集"对话框中完成，主要有以下参数：

（1）名称：创建的记录集的名称。

（2）连接：用来指定一个已经建立好的数据库连接，如果在"连接"下拉列表中没有可用的连接出现，则可单击其右边的"定义"按钮建立一个连接。

（3）表格：选取已连接数据库中要查询的表。

（4）列：若要使用所有字段作为一条记录中的列项，则单击"全部"单选按钮，否则应单击"选定的"单选按钮，然后从下面列表中选择要查询的列。

（5）筛选：设置记录集仅包括数据表中符合筛选条件的记录。它包括 3 个下拉列表，分别可以完成用于筛选记录的条件字段、条件表达式、条件参数类型，以及一个输入框，表示条件参数变量名。如分别选择"ID""="" URL 参数"，并输入参数变量名 USERID，则表示查询条件为数据库字段 ID 的值应该等于从 URL 地址中传递过来的参数 USERID 的值。

（6）排序：设置记录的显示顺序。它包括 2 个下拉列表，在第 1 个下拉列表中可以选择要排序的字段，在第 2 个下拉列表中可以设置升序或降序。

2．添加服务器行为

1）插入重复区域

"重复区域"服务器行为用于按同一格式，连续显示多条数据记录。如果要在一个页面上显示多条记录，必须指定一个包含动态内容的选择区域作为重复区域。任何选择区域都能转变成重复区域，最普通的是表格、表格的行，或者一系列的表格行甚至是一些字母、文字等。

在"重复区域"对话框中，可以设定每页显示的记录数，与记录集分页功能配合分页显示数据；也可以选择"所有记录"单选按钮，一次性显示记录集中的全部数据。

2）动态文本

动态文本用于向页面中动态添加当前记录的某个字段的值，并以网页文本的样式显示。"动态文本"对话框中的格式列表中，列出了可以对动态数据进行的格式化操作，如修剪空格、数字四舍五入、求百分比、转换编码、格式化日期时间、求绝对路径、转换大小写等。

3）记录集分页

Dreamweaver 提供的"记录集分页"服务器行为，实际上是一组将当前页面和目标页面的记录集信息整理成 URL 地址参数的程序段。

在"记录集分页"子菜单中主要有以下功能：

移至第一条记录：创建跳转到记录集显示子页第一页的链接。

移至前一条记录：创建跳转到当前记录集显示子页前一页的链接。

移至下一条记录：创建跳转到当前记录集显示子页下一页的链接。

移至最后一条记录：创建跳转到记录集显示子页最后一页的链接。

移至特定记录：从当前页跳转到指定记录显示子页的某一页的链接。

任务4　数据库的基本操作

1．添加留言到数据库中

步骤：01　在站点内新建文件 WriteMess.asp，创建如图 13-29 所示的表单页面，用于访客留言，并在 index.asp 页中添加到该页的链接。

各表单控件名称为：标题（textMessTitle）、内容（textMessContents）、我的名字（textVisiName）、我的邮箱（textVisiEMail）、我的 QQ 号（textVisiQQ）、我的头像列表（selectVisiImage）、我的头像图片（img1）。

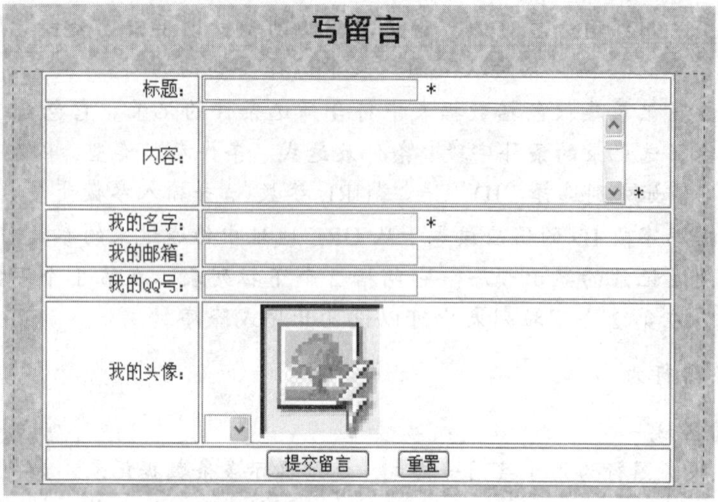

写留言

标题:	_____	*
内容:	_____	*
我的名字:	_____	*
我的邮箱:	_____	
我的QQ号:	_____	
我的头像:		

提交留言　重置

图 13-29　表单页面

其中头像列表的创建可以使用 ASP 的文件系统对象从图片目录中自动获取，其基本思路为：当从列表中选择图片名称时，可以触发一个行为脚本，用代码获取列表中记录的图片文件名，并设置到图片的 Src 属性中，以显示该图片。代码如下：

```
<!--VbScript 客户端脚本-->
<script language="vbscript">
<!--
sub ChangSelect()
        rem 处理图片列表选择项更改的函数
        dim val
        rem 获取表单 form1 中的 select1 的当前选择项的 value 值
        val=document.form1.select1.options(document.form1.select1.
            options.selectedIndex).value
        rem 将上面获取的值与图片路径"images/UserImage/"连接后赋给图片 img1
            的 src 属性
        rem 完成选择图片的显示
        document.form1.img1.src="images/UserImage/"&val
end sub
-->
</script>
<!--VbScript 客户端脚本结束-->

<!--图片列表代码开始-->
<select name="selectVisiImage" class="tinput" id="selectVisiImage"
        onchange="ChangSelect()">
<%
Set fso=Server.Createobject("Scripting.FileSystemObject")  //获取文件系
        统对象到 fso
path=Server.MapPath("images\UserImage")  //获取图片目录的服务器绝对路径
if fso.FolderExists(path)then            //如果图片目录存在
    Set fol=fso.GetFolder(path)          //获取代表图片目录的对象 fol
```

```
set  fc=fol.Files                          //获取图片目录下的文件集合到 fc
i=1  '初始化图片计数为 1
For  Each  f1 in fc                        //用循环变量 f1 遍历图片集合 fc 中所有图片
    s=f1.name                              //获取当前图片文件的文件名到 s
    response.Write("<option value='" & s & "'")  //输出列表的当前行的前一半
    if i=1 then                            //如果当前是第一个图片
       response.Write(" selected")         //则选择该行
       s0=s                                //记录文件名到 s0
    enf if
    response.Write(">头像" & i & "</option>")  //输出列表的当前行的后一半
    i=i+1                                   //图片计数加 1
  Next                                      //继续获取下一个图片
end if                                      //结束 if 条件
%>
</select><!--图片列表代码结束-->
<!--用来显示头像的图片控件,其中 s0 为上面记录的第一个图片的文件名-->
<img src="images/UserImage/<%=s0%>" name="img1" width="96" height="96"
id="img1" />
```

此外,还需要对标题(textMessTitle)、内容(textMessContents)和我的名字(textVisiName)3 个文本框进行输入验证,只有 3 项内容全部输入后才允许提交表单。

步骤: 02 打开"应用程序"面板中的"服务器行为"选项卡,单击 ➕ 按钮,选择"插入"选项,打开"插入"记录对话框,如图 13-30 所示。

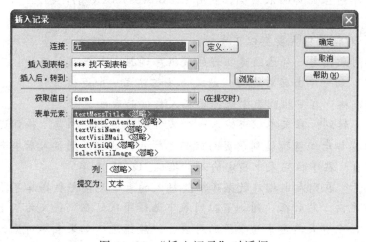

图 13-30 "插入记录"对话框

步骤: 03 依次设置"连接"为"conn"、"插入到表格"为"MessageTable"、"插入后,转到"为"index.asp"、"获取值自"为"form1"。然后选择"表单元素"中的第一行"textMessTitle",在下面的列中选择"MessTitle"列(字段),完成标题字段的插入。同样的方法为其他表单元素选择列(字段)。单击"确定"按钮保存设置,完成后的界面如图 13-31 所示。

步骤: 04 保存文档后按【F12】键预览,在 IE 浏览器中就可以输入留言信息,并提交和保存到数据库中了。

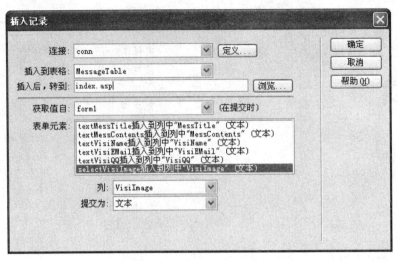

图 13-31　表单元素

 知识点

插 入 记 录

　　一般来说，要通过 ASP 页面向数据库中添加记录，需要提供输入数据的页面，这可以通过创建包含表单对象的页面来实现。利用 Dreamweaver CC 的"插入"记录服务器行为，就可以向数据库中添加记录。

　　"插入记录"对话框中主要有以下参数：

　　（1）连接：用来指定一个已经建立好的数据库连接，如果在"连接"下拉列表中没有可用的连接出现，则可单击其右边的"定义"按钮建立一个连接。

　　（2）插入到表格：在下拉列表中选择要插入数据的表的名称。

　　（3）插入后，转到：在文本框中输入一个文件名或单击"浏览"按钮选择一个网页，当完成插入数据操作后，将跳转到该页面。如不输入该地址，则插入后刷新该页面。

　　（4）获取值自：在下拉列表中指定输入数据的 HTML 表单。

　　（5）表单元素：在列表中指定数据库中要插入的表单元素与数据库字段的对应关系。先选择一个表单元素，然后在"列"下拉列表中选择字段，在"提交为"下拉列表中选择提交元素的类型，完成表单元素与字段的对应。一般情况，如果表单对象的名称和被设置字段的名称一致，Dreamweaver 会自动建立对应关系。

　　2．创建管理员登录功能

　　步骤：01 在站点内新建文件 login.asp，创建如图 13-32 所示表单及页面，用于管理员身份验证，并在 index.asp 页中添加到该页的链接。

　　表单中用户名文本框名称为 textUserName，密码文本框名称为 textPassWord，"返回"链接到 index.asp。

　　步骤：02 打开"应用程序"面板中的"服务器行为"选项卡，单击 按钮，选择"用户身份验证→登录用户"选项，弹出"登录用户"对话框如图 13-33 所示。

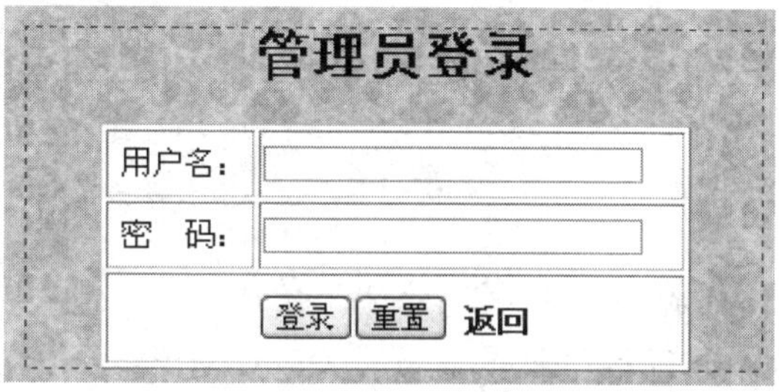

图 13-32　表单页面

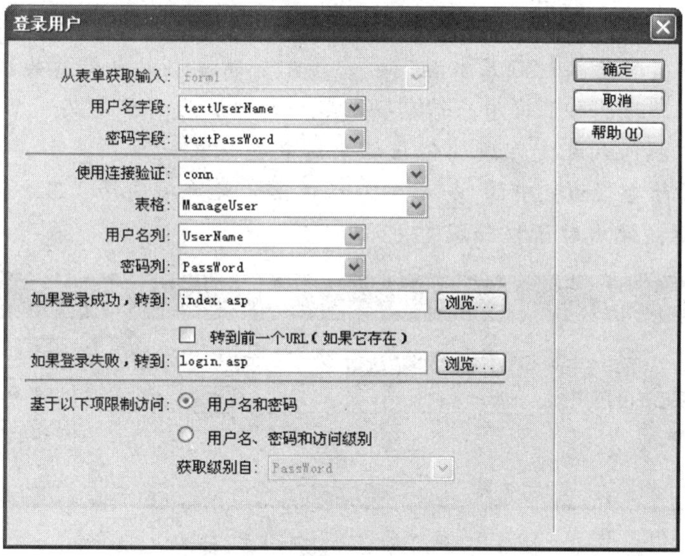

图 13-33　"登录用户"对话框

步骤: 03　依次修改："从表单获取输入"为"form1"、"用户名字段"为"textUserName"、"密码字段"为"textPassWord"、"使用连接验证"为"conn"、"表格"为"ManageUser"、"用户名列"为"UserName"、"密码列"为"PassWord"、"如果登录成功,转到"为"index.asp"、"如果登录失败,转到"为"login.asp"、"基于以下项限制访问"为"用户名和密码"。

步骤: 04　保存文档后按【F12】键预览,可以输入示例数据中的用户名与密码进行登录,如果验证通过将跳转到"index.asp"页面,否则会刷新本页,要求重新登录。

步骤: 05　在"index.asp"页中,添加"注销"字样,并选中文本;打开"应用程序"面板中的"服务器行为"选项卡,单击 按钮,选择"用户身份验证→注销用户"选项,弹出"注销用户"对话框将其中"在完成后,转到"改为"index.asp"。单击"确定"按钮保存设置,如图 13-34 所示。

图 13-34　"注销用户"对话框

步骤：06 保存文档后用【F12】预览，可以通过单击"注销"链接，注销已经登录过的管理员。

◁)) 知识点

用户身份验证：为了对网站一些特权操作进行管理，需要进行用户登录和身份验证。通常采用用户注册（新用户取得访问权）→登录（验证用户是否合法）→访问授权的页面→注销（结束授权访问）这一模式来实施管理。

1. 用户注册

用户注册与一般的插入过程基本相同。需要先创建提供用户信息数据的表单，然后定义"插入"服务器行为，用于将用户信息插入数据库。然后需要定义一个"检查新用户名"的行为，用于验证插入的指定字段的值在记录集中是否唯一。

单击"服务器行为"面板中的 ⊞ 按钮，在弹出的菜单中选择"用户身份验证"→"检查新用户名"选项，弹出对话框如图13-35所示。

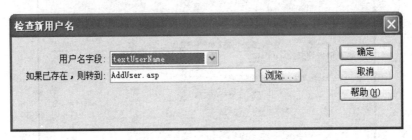

图13-35 "检查新用户名"对话框

在"用户名字段"下拉列表中选择需要验证的记录字段，将验证该字段在记录集中是否唯一，如果字段的值已经存在，那么可以在"如果已存在，则转到"文本框中指定引导用户所去的页面。

2. 用户登录

用户登录前，必须在数据库中创建包含用户名与密码字段的用户权限表。然后在页面中创建接受用户输入登录信息的表单，并使用"登录用户"对话框设置身份验证。

"登录用户"对话框中主要有以下参数：

（1）从表单获取输入：在下拉列表中选择接收哪一个表单的提交。

（2）用户名字段：在下拉列表中选择用户名所对应的文本框。

（3）密码字段：在下拉列表中选择密码所对应的文本框。

（4）使用连接验证：在下拉列表中确定使用哪一个数据库连接。

（5）表格：在下拉列表中确定使用数据库中的哪一个表格。

（6）用户名列：在下拉列表中选择用户名对应的数据库字段。

（7）密码名列：在下拉列表中选择密码对应的数据库字段。

（8）如果登录成功，转到：如果登录成功（即验证通过），则将用户引导到文本框中指定的页面。

（9）转到前一个 URL（如果它存在）：选中后，如果登录成功将转到前一页，一般是需要验证身份的页面。

（10）如果登录失败，转到：如果登录失败（即验证未通过），则将用户引导到文本框中指定的页面。

（11）基于以下项限制访问：可以选择是否包含权限级别验证。

3．注销用户

"注销用户"行为可以消除当前登录用户的登录信息，去除其访问授权页面的权利。当想要再次访问授权页面时，需要重新进行登录。

"注销用户"对话框中主要有以下参数：

（1）单击链接：指的是当用户单击页面中指定链接时执行注销操作。

（2）页面载入：指的是加载本页面时执行注销操作。

（3）在完成后，转到：在文本框中输入完成"注销"操作后要跳转到的页面。

3．修改并回复留言

步骤:01 打开文件 index.asp，选择留言标题后面的"回复"文字，打开"应用程序"面板中的"服务器行为"选项卡，单击 按钮，选择"转到详细页面"选项，打开"转到详细页面"对话框，设置"详细信息页"为"ReplyMess.asp"、"传递 URL 参数"为"ID""记录集"为"Recordset1"，"列"为"ID"，设置完成后的对话框如图 13-36 所示。

步骤:02 在站点内新建文件 ReplyMess.asp，创建如图 13-37 所示表单及页面，用于管理员修改留言内容，并回复留言。

图 13-36　"转到详细页面"对话框

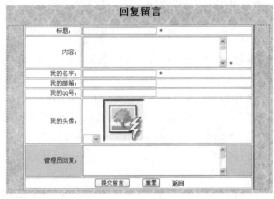

图 13-37　表单页面

"管理员回复"文本框的名称为 textReplyContents，其他各表单控件名称、头像列表的创建以及输入验证与 WriteMess.asp 文件完全相同。

步骤:03 打开"应用程序"面板中的"服务器行为"选项卡，单击 按钮，选择"记录集"选项，打开"记录集"面板，设置"连接"为"conn"、"表格"为"MessageTable"。

步骤:04 设置"筛选"为"ID"，后面的筛选条件变为可选，设置符号为"="、来源为"URL 参数"、参数名为"ID"，即在数据库表"MessageTable"中筛选"ID"字段等于 URL 参数 ID 的记录，设置完成后的界面如图 13-38 所示。单击"确定"按钮保存设置，并保存文档。

步骤：05 选择表单中的文本框"textMessTitle"，打开"应用程序"面板中的"服务器行为"选项卡，单击 ➕ 按钮，选择"动态表单元素"→"动态文本字段"选项，弹出"动态文本字段"对话框，单击"将值设置为"后的按钮，选择记录集中的"MessTitle"字段，单击"确定"按钮，返回"动态文本字段"对话框。单击"确定"按钮保存设置，完成后的界面如图 13-39 所示。

图 13-38 "记录集"对话框　　　　图 13-39 "动态文本字段"对话框

步骤：06 用相同的方法依次完成文本框"textVisiName""textVisiQQ""textVisiEMail""textReplyContents"和"textMessContents"的设置。

步骤：07 切换到代码视图，将 selectVisiImage 下拉列表代码中的

```
response.Write("<option value='" & s & "'")    //输出列表的当前行的前一半
if i=1 then                                    //如果当前是第一个图片
    response.Write(" selected")                //则选择该行
    s0=s                                       //记录文件名到 s0
enf if
response.Write(">头像" & i & "</option>")      //输出列表的当前行的后一半
```

改为

```
response.Write("<option value='" & s & "'")    //输出列表的当前行的前一半
if s= Recordset1.Fields.Item("VisiImage").Value then //如果是同一个图片
    response.Write(" selected")                //则选择该行
    s0=s                                       //记录文件名到 s0
end if
response.Write(">头像" & i & "</option>")      //输出列表的当前行的后一半
```

提 示

　　修改之前的代码是将从目录中遍历到的第一个图片作为下拉列表的默认图片记录下来；修改之后的代码是将目录中与数据库当前记录中存储图片相同的图片作为下拉列表的默认图片记录下来。

步骤：08 打开"应用程序"面板中的"服务器行为"选项卡，单击 ➕ 按钮，选择"更新记录"选项，打开"更新记录"对话框，如图 13-40 所示。

步骤：09 修改"连接"为"conn"，"要更新的表格"为"MessageTable"，"选取记录自"为"Recordset1"，"唯一键列"为"ID"，"在更新后，转到"为"index.asp"，各表单元素将自动完成对应。单击"确定"按钮保存设置，完成后的界面如图 13-41 所示。

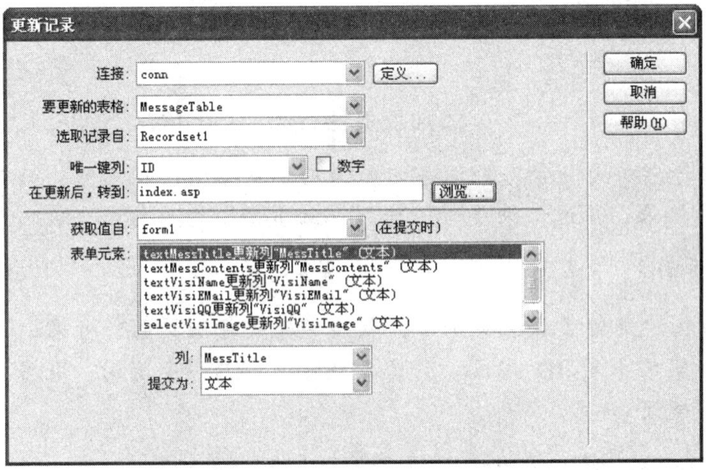

图 13-40　"更新记录"对话框

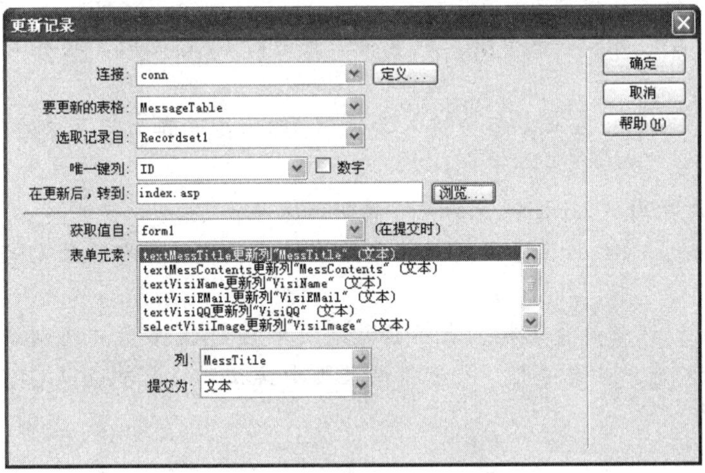

图 13-41　表单元素完成对应

步骤：10　保存文档，用【F12】键预览"index.asp"，单击任一条留言的"回复"链接后，可以打开"ReplyMess.asp"，查看到该留言的数据，管理员可以修改和回复该留言。

步骤：11　打开"应用程序"面板中的"服务器行为"选项卡，单击 ➕ 按钮，选择"用户身份验证"→"限制对页的访问"选项，在"如果访问被拒绝，则转到"中填入 login.asp，即可阻止没有登录过的用户访问本页面，如图 13-42 所示。

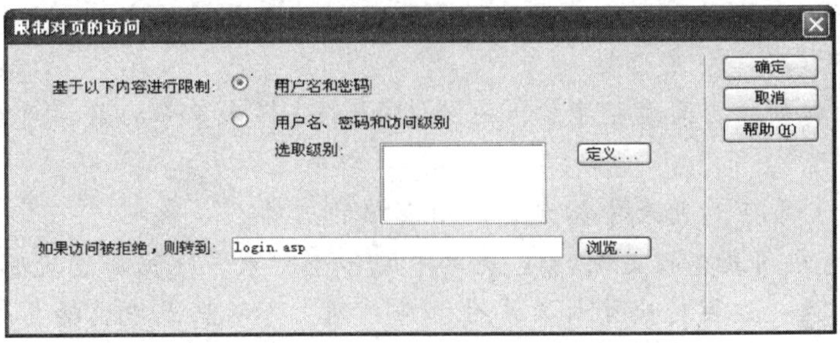

图 13-42　"限制对页的访问"对话框

添加服务器行为

更新记录的服务器行为与插入的服务器行为的创建方法比较相似，只是要在更新记录前筛选出要更新的记录，筛选记录要与"转到详细页面"行为相配合。

1. 转到详细页面

在结果页（实例中是留言板主页）中，创建"转到详细页面"行为，可以将指定记录的唯一标识字段（实例中是 ID 字段）作为参数传递到另一个页面，在另一个页面就可以在记录集中进行筛选了。

"转到详细页面"对话框中主要有以下参数：

（1）链接：在下拉列表中可以选择要把行为应用到哪个链接上。如果在文档中选择了动态内容，则会自动选择该内容。

（2）详细信息页：在文本框中输入细节对应页面的 URL 地址，或单击右边的"浏览"按钮选择页面。

（3）传递 URL 参数：在文本框中输入要通过 URL 传递到细节页中的参数名称，然后设置以下选项的值：

① 记录集：选择通过 URL 传递参数所属的记录集。

② 列：选择通过 URL 传递参数所属记录集中的字段名称，即设置 URL 传递参数的值的来源。

（4）URL 参数：选中此复选框，表示将结果页中的 URL 参数传递到细节页上。

（5）表单参数：选中此复选框，表示将结果页中接收到的表单值以 URL 参数的方式传递到细节上。

2. 更新记录

利用"更新记录"服务器行为，可以在页面中实现更新数据记录操作。

"更新记录"对话框中主要有以下参数：

（1）连接：用来指定一个已经建立好的数据库连接，如果在"连接"下拉列表中没有可用的连接出现，则可单击其右边的"定义"按钮建立一个连接。

（2）要更新的表格：在下拉列表中选择要更新的表的名称。

（3）选取记录自：下拉列表中指定页面中绑定的"记录集"。

（4）唯一键列：在下拉列表中选择关键列，以识别在数据库表单上的记录。如果值是数字，则应该选中"数字"复选框。

（5）更新后，转到：在文本框中输入一个 URL，这样表单中的数据更新之后将转向这个 URL。

（6）获取值自：在下拉列表中指定页面中表单的名称。

（7）表单元素：在列表中指定 HTML 表单中的各个对象与数据库字段的对应更新关系。

（8）列及提交为：设置对应更新关系时，在"列"下拉列表中选择与表单域对应的字段列名称，在"提交为"下拉列表中选择字段的类型。

3．限制对页的访问

"限制对页的访问"可以阻止没有登录过的用户访问本页面。

"限制对页的访问"对话框中主要有以下参数：

（1）基于以下内容进行限制：选择用户名和密码，即只要用户名和密码适合要求，就不限制对内容的访问；选择"用户名和密码及访问级别"选项，同时在级别定义中定义访问级别的名称，可以按一定的级别进行内容的限制访问。

（2）如果访问被拒绝，则转到：在文本框中输入一个 URL，这样如果访问被拒绝，将转向这个 URL。

4．删除留言

步骤：01 打开文件 index.asp，选择留言标题后面的"删除"文字，打开"应用程序"面板中的"服务器行为"选项卡，单击 ➕ 按钮，选择"转到详细页面"选项，打开"转到详细页面"对话框，设置"详细信息页"为"DeleteMess.asp"、"传递 URL 参数"为"ID"、"记录集"为"Recordset1"、"列"为"ID"，完成后的对话框如图 13-43 所示。

图 13-43　"转到详细页面"对话框

步骤：02 在站点内新建文件 DeleteMess.asp，创建如图 13-44 所示的表单及页面，用于管理员查看和删除留言。

图 13-44　表单及页面

步骤：03 打开"应用程序"面板中的"服务器行为"选项卡，单击 ➕ 按钮，选择"记录集"选项，打开"记录集"面板，设置"连接"为"conn"、"表格"为"MessageTable"。

步骤：04 设置"筛选"为"ID"，后面的筛选条件变为可选，设置符号为"="、来源为"URL 参数"、参数名为"ID"，即在数据库表"MessageTable"中筛选"ID"字段等于 URL 参数 ID 的记录。单击"确定"按钮保存设置，完成后的界面如图 13-45 所示。

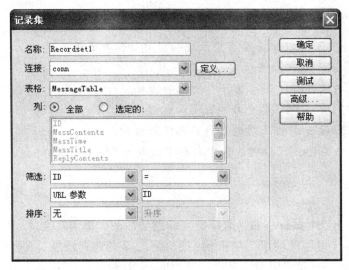

图 13-45　"记录集"面板

步骤：05　将光标定位于标题后面的单元格中，打开"应用程序"面板中的"服务器行为"选项卡，单击 ![+] 按钮，选择"动态文本"选项，在弹出对话框中选择 MessTitle 字段，即动态显示字段到表格中。用相同的方法添加其他文本字段到表格中。

步骤：06　在头像后面的单元格中添加一张图片，选择文件名为数据源中的 VisiImage 字段，并在 URL 前加上图片路径 Images\UserImage\，具体操作参照操作三。

步骤：07　打开"应用程序"面板中的"服务器行为"选项卡，单击　按钮，选择"删除记录"选项，打开"删除记录"对话框。设置"连接"为"conn"，"从表格中删除"为"MessageTable"，"选取记录自"为"Recordset1"，"唯一键列"为"ID"，"提交表单以删除"为"form1"，"删除后，转到"为"index.asp"，单击"确定"按钮保存。完成后的界面如图 13-46 所示。

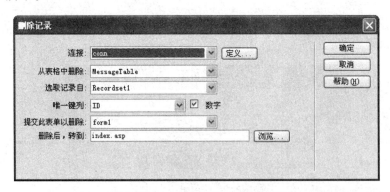

图 13-46　"删除记录"对话框

步骤：08　打开"应用程序"面板中的"服务器行为"选项卡，单击按钮，选择"用户身份验证→限制对页的访问"选项，在"如果访问被拒绝，则转到"中填入 login.asp，即可阻止没有登录过的用户访问本页面。

步骤：09　保存文档，按【F12】键预览 index.asp，单击任一条留言的"删除"链接后，可以打开 DeleteMess.asp，查看到该留言的数据，也可以删除该条留言。

至此，访客留言板已经全部完成。在发布网站前，应手动编辑 Connections 下的 conn.asp 文件，修改其中的：

```
MM_conn_STRING="Provider=Microsoft.Jet.OLEDB.4.0;Data Source=e:\asphome\
    database.mdb"
```

为：

```
MM_conn_STRING="Provider=Microsoft.Jet.OLEDB.4.0;Data Source=" &
    Server.MapPath ("database.mdb")
```

其中 Server.MapPath 用于将文件相对路径转换为服务器相对路径，以使代码的运行与网站存储位置无关。

📢 知识点

删除记录服务器行为也需要在删除记录前筛选出要删除的记录。删除记录页面一般要先显示已经存在的数据，然后通过提交包含数据的表单以删除数据。

"删除记录"对话框中主要有以下参数：

（1）连接：在下拉列表中选择要更新的数据库连接。如果没有连接数据库，可以"定义"按钮定义数据库连接。

（2）从表格中删除：在下拉列表中选择从哪个表中删除记录。

（3）选取记录自：在下拉列表中选择使用的记录集的名称。

（4）唯一键列：在下拉列表中选择要删除记录所在表的关键字字段，如果关键字字段的内容是数字，则需要选中其右侧的"数字"复选框。

（5）提交此表单以删除：在下拉列表中选择提交删除操作的表单名称。

（6）删除后，转到：在文本框中输入该页面的 URL 地址，删除记录后将跳转到该页面。

实训　制作一个分类信息网站

实训目的：熟悉动态网站制作思路。

实训内容：要求可以分类存储文本型信息，可以编辑分类目录，然后按分类输入每条信息的内容；在首页显示每个分类及分类下最新的 N 条信息，单击分类后的"更多"可以打开一个分类下的信息列表。

小　结

本项目以常见的访客留言板为实例，逐步讲解如何用 Dreamweaver 创建一个完整的动态网站，进而讲述如何搭建本地服务器、数据库的创建和连接、操作数据表记录以及使用服务器行为等内容。

动态网页是网站建设的重要技术之一，其中又以数据库应用为其主要内容。熟练掌握动态网页与数据库应用技术，对创建有商业价值的网站有着重要的意义。

项目 **14** 发布与后期维护网站

学习目标

（1）掌握如何进行网站的前期规划。

（2）学会使用 FTP 发布网站。

（3）熟悉使用 Dreamweaver CC 维护远程网站。

任务 1　网站前期规划

网站规划是指在网站建设前对市场进行分析、确定网站的目的和功能，并根据需要对网站建设中的技术、内容、费用、测试、维护等做出规划。

网站规划对网站建设起计划和指导的作用，对网站的内容和维护起定位作用。

网站规划包含的内容如下：

1．建设网站前的市场分析

（1）相关行业的市场是怎样的？市场有什么样的特点？是否能够在互联网上开展公司业务？

（2）市场主要竞争者分析：竞争对手上网情况及其网站策划、功能、作用。

（3）公司自身条件分析，公司概况、市场优势分析，可以利用网站提升哪些竞争力？建设网站的能力分析（如费用、技术、人力等）。

2．建设网站的目的及功能定位

（1）建设网站，是为了树立企业形象、宣传产品、进行电子商务，还是建立行业性网站？是企业的基本需要还是市场开拓的延伸？

（2）整合公司资源，确定网站功能。根据公司的需要和计划，确定网站的功能类型。

（3）根据网站功能，确定网站应达到的目。

（4）分析企业内部网（Intranet）的建设情况和网站的可扩展性。

3．网站技术解决方案

根据网站的功能确定网站技术解决方案。

（1）自建服务器，还是租用虚拟主机？

（2）选用 Window 10 操作系统还是 UNIX、Linux 操作系统？分析投入、功能、开发能力、稳定性和安全性等。

（3）采用模板自助建站、建站套餐还是个性化开发？

（4）确定网站安全性措施，防黑、防病毒方案（如果采用虚拟主机，则该项由专业公司代劳）。

（5）选择什么样的动态程序及相应的数据库？如程序 ASP、JSP、PHP；数据库 SQL、Access、Oracle 等。

4．网站内容及实现方式

（1）根据网站的目的确定网站的结构导航。一般企业型网站应包括：公司简介、企业动态、产品介绍、客户服务、联系方式、在线留言等基本内容。更多内容有：常见问题、营销网络、招贤纳士、在线论坛、英文版等。

（2）根据网站的目的及内容确定网站整合功能。如 Flash 引导页、会员系统、网上购物系统、在线支付、问卷调查系统、信息搜索查询系统、流量统计系统等。

（3）确定网站结构导航中每个频道的子栏目。如公司简介中可以包括：总裁致辞、发展历程、企业文化、核心优势、生产基地、科技研发、合作伙伴、主要客户、客户评价等；客户服务可以包括：服务热线、服务宗旨、服务项目等。

（4）确定网站内容的实现方式。如产品介绍使用动态程序数据库还是静态页面；营销网络是采用列表方式还是地图展示。

5．网页设计

（1）网页美术设计一般要与企业整体形象一致，要符合企业 CI 规范。要注意网页色彩、图片的应用及版面策划，保持网页的整体一致性。

（2）在新技术的采用上要考虑主要目标访问群体的分布地域、年龄阶层、网络速度、阅读习惯等。

（3）制订网页改版计划，如半年到一年时间进行较大规模改版等。

6．费用预算

（1）企业建站费用的初步预算。根据企业的规模、建站的目的、上级的批准而定。

（2）专业建站公司可提供详细的功能描述及报价，企业可以进行性价比研究后选择。

（3）网站的价格从几千元到十几万元不等，如果排除模板式自助建站（通常认为企业的网站无论大小，必须有排他性，如果千篇一律则对企业形象的影响极大）和牟取暴利的因素，网站建设的费用一般与功能要求是成正比的。

7．网站维护

（1）服务器及相关软硬件的维护，对可能出现的问题进行评估，制定响应时间。

（2）数据库维护，有效地利用数据是网站维护的重要内容，因此要重视数据库的维护。

（3）内容的更新、调整等。

（4）制定相关网站维护的规定，将网站维护制度化、规范化。

> 📢)) 说明
>
> 　　动态信息的维护通常由企业安排相应人员进行在线的更新管理；静态信息可由专业公司进行维护。

8．网站测试

网站发布前要进行细致周密的测试，以保证正常浏览和使用。主要测试内容有：

（1）文字、图片是否有错误。

（2）程序及数据库测试。

（3）链接是否有错误。

（4）服务器的稳定性、安全性。

（5）网页兼容性测试，如浏览器、显示器。

9．网站发布与推广

（1）网站测试后进行发布的公关、广告活动。

（2）搜索引擎登记等。

10．费用明细

各项事宜所需费用清单。

以上为网站规划中的主要内容，根据不同的需求和建站目的，内容也会相应增加或减少。在建设网站之初一定要进行细致的策划才能达到预期的建站目的。

任务2　发布网站

一个网站制作完成后，要想让浏览者看到，需要进行一系列的发布操作。首先要为网站申请一个域名，这是浏览者直接记忆并访问的网站地址；然后在网络上申请一个服务器空间，用于存储网站文件以供浏览者访问，并且需要将空间 IP 地址与域名绑定，以方便浏览者记忆和访问；最后将全部网站文件上传到服务器空间，即可完成网站发布工作，浏览者就可以通过域名进行访问了。

当前国内有很多域名与空间的提供商，各个提供商的申请步骤都不完全相同，但基本流程是一致的。下面以中国万网为例演示如何申请域名和空间。

1．申请域名

步骤：01　输入中国万网网址 http://www.net.cn/，打开万网主页，如图 14-1 所示。

图 14-1　万网主页

步骤：02 在右侧的"域名查询"中可以查询该域名是否已被注册过。在 www 后的文本框内输入要查询的域名，在下面选择要查询的项级域名，单击查询按钮。如查询域名 ald99，查询结果如图 14-2 所示。

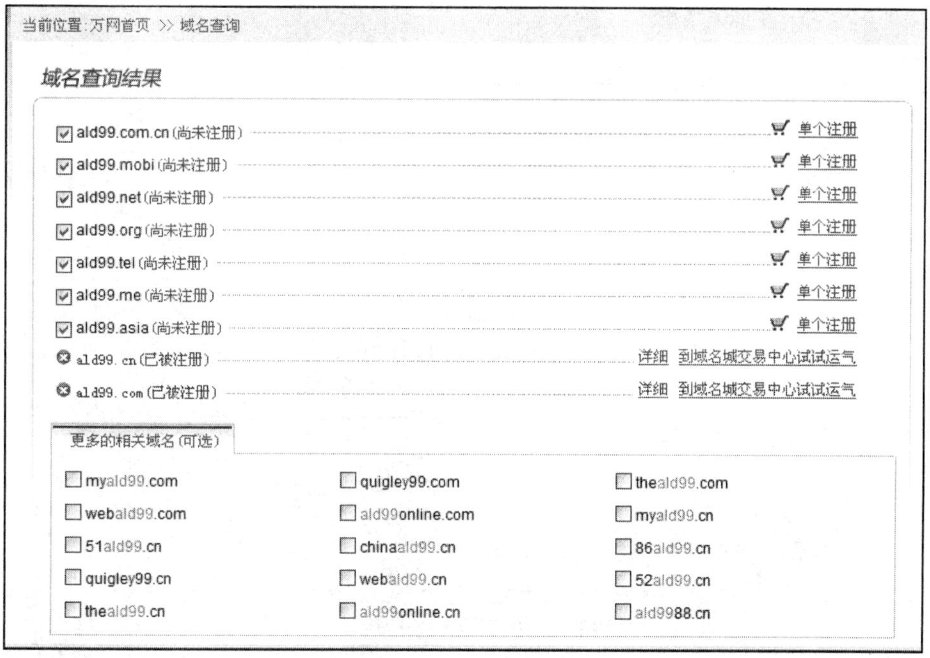

当前位置:万网首页 >> 域名查询

域名查询结果

☑ ald99.com.cn (尚未注册) .... 🛒 单个注册
☑ ald99.mobi (尚未注册) .... 🛒 单个注册
☑ ald99.net (尚未注册) .... 🛒 单个注册
☑ ald99.org (尚未注册) .... 🛒 单个注册
☑ ald99.tel (尚未注册) .... 🛒 单个注册
☑ ald99.me (尚未注册) .... 🛒 单个注册
☑ ald99.asia (尚未注册) .... 🛒 单个注册
✕ ald99.cn (已被注册) .... 详细 到域名域交易中心试试运气
✕ ald99.com (已被注册) .... 详细 到域名域交易中心试试运气

更多的相关域名 (可选)

☐ myald99.com   ☐ quigley99.com   ☐ theald99.com
☐ webald99.com   ☐ ald99online.com   ☐ myald99.cn
☐ 51ald99.cn   ☐ chinaald99.cn   ☐ 86ald99.cn
☐ quigley99.cn   ☐ webald99.cn   ☐ 52ald99.cn
☐ theald99.cn   ☐ ald99online.cn   ☐ ald9988.cn

图 14-2 域名查询

步骤：03 如果要注册域名 ald99.com.cn，则单击 ald99.com.cn 后面的"单个注册"链接，进入下一步，如图 14-3 所示。

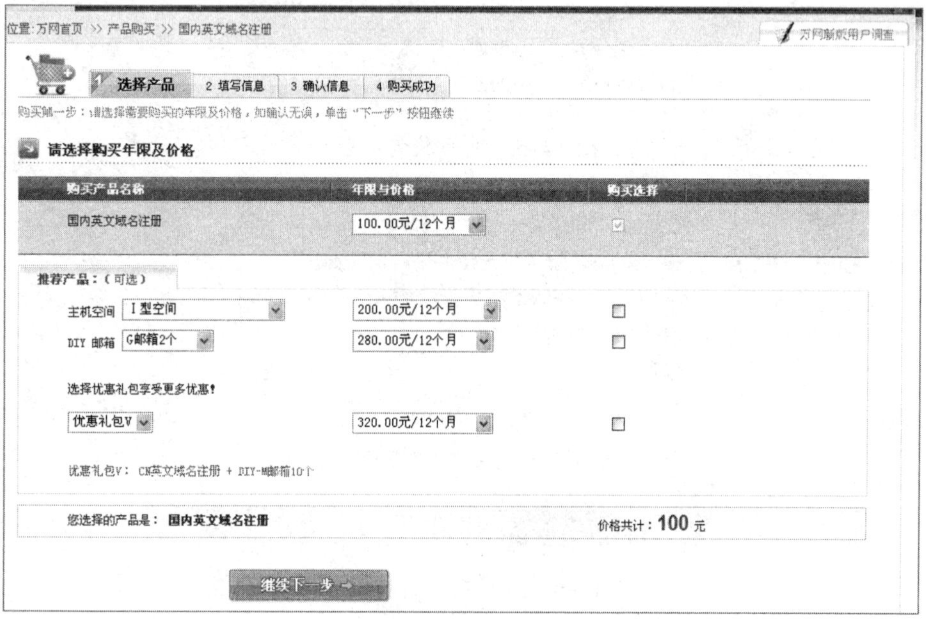

位置:万网首页 >> 产品购买 >> 国内英文域名注册   万网邀您用户调查

🛒 **1 选择产品**   2 填写信息   3 确认信息   4 购买成功

购买第一步:请选择需要购买的年限及价格,如确认无误,单击"下一步"按钮继续

📋 **请选择购买年限及价格**

购买产品名称	年限与价格	购买选择
国内英文域名注册	100.00元/12个月 ▼	☑

推荐产品: (可选)

主机空间	I 型空间 ▼	200.00元/12个月 ▼	☐
DIY 邮箱	G邮箱2个 ▼	280.00元/12个月 ▼	☐

选择优惠礼包享受更多优惠!

优惠礼包V ▼	320.00元/12个月 ▼	☐

优惠礼包V: CN英文域名注册 + DIY-邮邮箱10个

您选择的产品是: **国内英文域名注册**	价格共计: **100** 元

继续下一步 →

图 14-3 购买的年限

步骤：04 在"国内英文域名注册"后的"年限与价格"中选择要购买的年限，并在下面的"推荐产品"中选择其他需要一并购买的服务，这里先不做选择。单击"继续下一步"按钮后进入注册下一步，输入各项注册信息，如图14-4～图14-6所示。

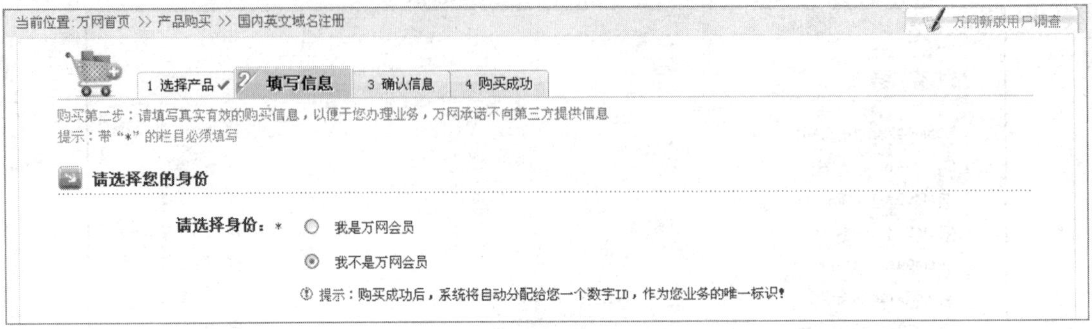

图 14-4　选择身份

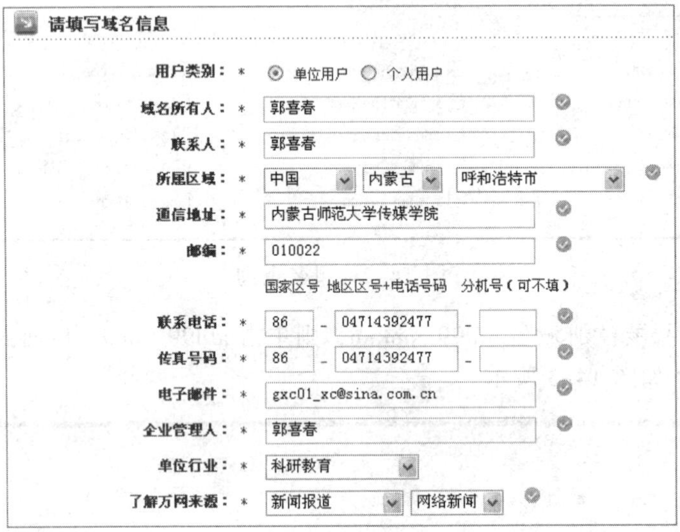

图 14-5　填写域名信息

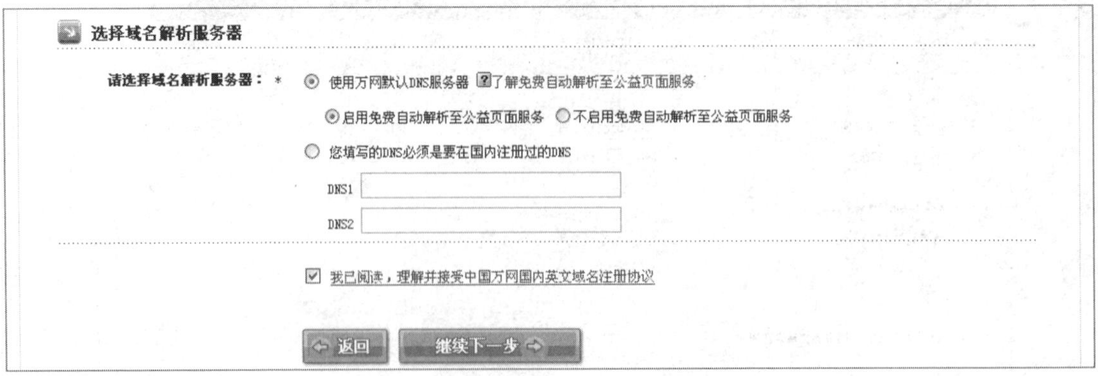

图 14-6　选择域名解析服务器

步骤：05 单击"继续下一步"按钮后，进入信息确认页面，如图14-7所示。

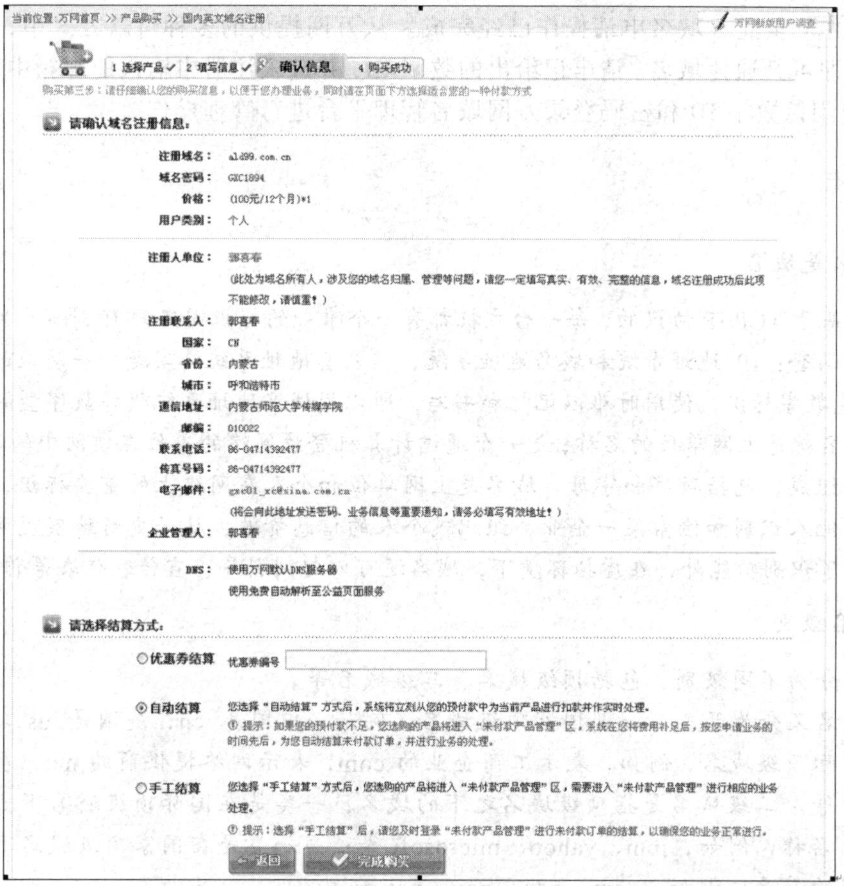

图 14-7　信息确认页面

步骤: 06　单击"完成购买"按钮进入购买成功页面，如图 14-8 所示。

图 14-8　购买成功页面

步骤：07 至此，域名申请操作已经完成。从万网提供的多种付款方式中，选择一种进行付款，即可开通该域名。请牢记给出的数字 ID，并进入注册中输入的邮箱中获取密码，然后可以使用该数字 ID 和密码登录万网域名管理平台进行管理操作。

🔊 知识点

1. 什么是域名

网络是基于 TCP/IP 协议的，每一台主机都有一个唯一的标识固定的 IP 地址。网络中的地址方案分为两套：IP 地址系统和域名地址系统，这两套地址系统其实是一一对应的关系。由于 IP 地址是数字标识，使用时难以记忆和书写，所以用域名地址系统代替数字型的 IP 地址。

可见域名就是上网单位的名称，是一个通过计算机登录网络的单位在该网中的地址。域名由若干部分组成，包括数字和字母。域名是上网单位和个人在网络上的重要标识，起着识别作用，便于他人识别和检索某一企业、组织或个人的信息资源，从而更好地实现网络上的资源共享。除了识别功能外，在虚拟环境下，域名还可以起到引导、宣传、代表等作用。

2. 域名级别

域名可分为不同级别，包括顶级域名、二级域名等。

顶级域名又分为两类：一是国家顶级域名，例如，中国是 cn，美国是 us，日本是 jp 等；二是国际顶级域名，例如，表示工商企业的.com，表示网络提供商的.net，表示非营利组织的.org 等。二级域名是指顶级域名之下的域名，一类是在国际顶级域名下，指域名注册人的网上名称，例如，ibm、yahoo、microsoft 等；另一类是在国家顶级域名下，表示注册企业类别的符号，例如，com、edu、gov、net 等。

我国在国际互联网络信息中心（Inter NIC）正式注册并运行的顶级域名是 cn，这也是我国的一级域名。在顶级域名之下，我国的二级域名又分为类别域名和行政区域名两类。类别域名共 6 个，包括用于科研机构的 ac；用于工商金融企业的 com；用于教育机构的 edu；用于政府部门的 gov；用于互联网络信息中心和运行中心的 net；用于非营利组织的 org。而行政区域名有 34 个，分别对应于我国各省、自治区和直辖市。三级域名用字母（A~Z，a~z，大小写等）、数字（0~9）和连接符（—）组成，各级域名之间用实点（.）连接，三级域名的长度不能超过 20 个字符。如无特殊原因，建议采用申请人的英文名（或者缩写）或者汉语拼音名（或者缩写）作为三级域名，以保持域名的清晰性和简洁性。域名的注册遵循先申请先注册原则，管理机构对申请人提出的域名是否违反了第三方的权利不进行任何实质审查。同时，每一个域名的注册都是独一无二的、不可重复的。因此，在网络上，域名是一种相对有限的资源，它的价值将随着注册企业的增多而逐步为人们所重视。既然域名是一种有价值的资源，那么，它是否能够成为知识产权保护的客体呢？我们认为，在新的经济环境下，域名所具有的商业意义已远远大于其技术意义，而成为企业在新的科学技术条件下参与国际市场竞争的重要手段，它不仅代表了企业在网络上独有的位置，也是企业的产品、服务范围、形象、商誉等的综合体现，是企业无形资产的一部分。同时，域名也是一种智力成果，它是有文字含义的商业性标记，与商标、商号类似，体现了相当的创造性。在域名的构思选择过程中，需要一定的创造性劳动，使得代表自己公司的域名简洁并具有吸引力，以便使公众熟知并对其访问，从而达到扩大企业知名度、促进经营发展的目的。可以说，域名不是简单的标识性符号，而是企业商誉的凝结和知名度的表彰，域名的使用对企业来说具有丰富的内涵，远非简单的"标识"二字可以穷尽。因此，目前不论学术界还是实际部门，大都倾向于将域名视为企业知识产权客体的一种。而且，从世界范围来看，尽管各国立法尚未把域名作为专有权加以保护，但国际域名协调制度是通过世界知识产权组织来制定，这足以说明人们已经把域名看作知识产权的一部分。当然，相对于传统的知识产权领域，域名是一种全新的客体，具有其自身的特性，例如，域名的使用是全球范围的，没有传统的严格地域性的限制；从时间性的角度看，域名一经获得即可永久使用，并且无须定期续展；域名在网络上是绝对唯一的，一旦取得注册，其他任何人不得注册、使用相同的域名，因此其专有性也是绝对的；另外，域名非经法定机构注册不得使用，这与传统的专利、商标等客体不同，等等。即使如此，把域名作为知识产权的客体也是科学和可行的，在实践中对于保护企业在网络上的相关合法权益是有利而无害的。

3．注册域名

域名的注册遵循先申请先注册原则，同时每一个域名的注册都是唯一的、不可重复的。因此，在网络上，域名是一种相对有限的资源。各个机构管理域名的方式和域名命名的规则有所不同，但也有一些共同的规则：

1）域名中只能包含以下字符

（1）26 个英文字母。

（2）0，1，2，3，4，5，6，7，8，9 十个数字。

（3）"-"（英文中的连词号，但不能是第一个字符）。

（4）对于中文域名而言，还可以含有中文字符而且是必须含有中文字符（日文、韩文等域名类似）。

2）域名中字符的组合规则

（1）在域名中，不区分英文字母的大小写和中文字符的简繁体。

（2）对于一个域名的长度是有一定限制的，CN 下域名命名的规则为：

① 遵照域名命名的全部共同规则。

② 只能注册三级域名，三级域名用字母（A～Z，a～z，大小写等价）、数字（0～9）和连接符（-）组成，各级域名之间用实点（.）连接，三级域名长度不得超过 20 个字符。

③ 不得使用或限制使用一些特殊名称。

- 注册含有 CHINA、CHINESE、CN、NATIONAL 等须经国家有关部门（指部级以上单位）正式批准。
- 公众知晓的其他国家或者地区名称、外国地名、国际组织名称不得使用。
- 县级以上（含县级）行政区划名称的全称或者缩写须相关县级以上（含县级）人民政府正式批准。
- 行业名称或者商品的通用名称不得使用。
- 他人已在中国注册过的企业名称或者商标名称不得使用。
- 对国家、社会或者公共利益有损害的名称不得使用。

经国家有关部门（指部级以上单位）正式批准和相关县级以上（含县级）人民政府正

式批准是指，相关机构要出据书面文件表示同意 XXXX 单位注册 XXX 域名。如：要申请 beijing.com.cn 域名，则要提供北京市人民政府的批文。

4. 域名选取技巧

域名对于企业开展电子商务具有重要的作用，它被誉为网络时代的"环球商标"，一个好的域名会大大增加企业在互联网上的知名度。因此，企业如何选取好的域名就显得十分重要。

1）域名选取的原则

（1）域名应该简明易记、便于输入。

（2）域名要有一定的内涵和意义。

2）域名选取的技巧

（1）用企业名称的汉语拼音作为域名。这是企业选取域名一种较好的方式，实际上，大部分国内企业都是这样选取域名。例如，红塔集团的域名为 hongta.com，新飞电器的域名为 xinfei.com，海尔集团的域名为 haier.com，四川长虹集团的域名为 changhong.com，华为技术有限公司的域名为 huawei.com。这样的域名有助于提高企业在线品牌的知名度，即使企业不作任何宣传，其在线站点的域名也很容易被人想到。

（2）用企业名称相应的英文名作为域名。这也是国内许多企业选取域名的一种方式，这样的域名特别适合与计算机、网络和通信相关的一些行业。例如，长城计算机公司的域名为 greatwall.com.cn，中国电信的域名为 chinatelecom.com.cn。

（3）用企业名称的缩写作为域名。有些企业的名称比较长，如果用汉语拼音或者用相应的英文名作为域名就显得过于烦琐，不便于记忆。因此，用企业名称的缩写作为域名不失为一种好方法。缩写包括两种方法：一种是汉语拼音缩写，另一种是英文缩写。例如，广东步步高电子工业有限公司的域名为 gdbbk.com，泸州老窖集团的域名为 lzlj.com.cn，中国电子商务网的域名为 chinaeb.com.cn，计算机世界的域名为 ccw.com.cn。

（4）用汉语拼音的谐音形式给企业注册域名。在现实中，采用这种方法的企业也不在少数。例如，美的集团的域名为 midea.com.cn，康佳集团的域名为 konka.com.cn，格力集团的域名为 gree.com，新浪用 sina.com.cn 作为它的域名。

（5）以中英文结合的形式给企业注册域名。荣事达集团的域名是 rongshidagroup.com，其中"荣事达"三字用汉语拼音，"集团"用英文名。这样的例子还有许多：中国人网的域名为 chinaren.com，华通金属的域名为 htmetal.com.cn。

（6）在企业名称前后加上与网络相关的前缀和后缀。常用的前缀有 e、网站建设 i、net 等；后缀有 net、web、line 等。例如，中国营销传播网的域名为 emkt.com.cn，网络营销论坛的域名为 webpromote.com.cn，脉搏网的域名为 mweb.com.cn，中华营销网的域名是 chinam-net.com。

（7）用与企业名不同但有相关性的词或词组作域名。一般情况下，企业选取这种域名的原因有多种，或是因为企业的品牌域名已经被别人抢注不得已而为之，或是觉得新的域名可能更有利于开展网上业务。例如，The Oppedahl & Larson Law Firm 是一家法律服务公司，而它选择 patents.com 作为域名。很明显，用 patents.com 作为域名要比用公司名称更合适。另外一个很好的例子是 Best Diamond Value 公司，这是一家在线销售宝石的零售商，它选择了 jeweler.com 作为域名，这样做的好处显而易见：即使公司不做任何宣传，许多顾客也会访问其网站。

（8）不要注册其他公司的独特商标和国际知名的商标名。如果选取其他公司独特的商标名作为自己的域名，很可能会惹上官司，换言之，当企业挑选域名时，需要留心挑选的域名是不是其他企业的注册商标名。

（9）尽量避免被 CGI 程序或其他动态页产生的 URL。例：Minolta Printers 的域名是 minoltaprinters.com，但输入这个域名后，域名栏却出现 "[url]www.minoltaprinters.com/dna4/smartbroker.dll?Sid=0&amp[/url];tp=pub-root-index.htm& np=pub-root-index.htm"，造成这种情况的原因可能是 minoltaprinters.com 是一个免费域名。这样的域名有很多缺点：第一，不符合域名是主页一部分的规则；第二，不符合网民使用域名作为浏览目标并判断所处位置的习惯；第三，忽视了域名是站点品牌的重要组成部分。

（10）注册.net 域名时要谨慎。.net 域名一般留给有网络背景的公司，虽然任何一家公司都可以注册，但这极容易引起混淆，使访问者误认为访问的是一家具有网络背景的公司。企业防止他人抢注造成损失的一个解决办法是，对.net 域名进行预防性注册，但不用作企业的正规域名。

国内的一些企业包括某些知名公司选择了以.net 结尾的域名。例如不少免费邮件提供商，如163.net 等，而国外提供与此服务相近的在线服务公司则普遍选择以.com 结尾的域名。

2. 申请网站空间

网站空间是用于在网络上存储网站文件及数据的磁盘空间，同时网络用户可以通过网络远程访问该空间内的文件和数据。

下面以中国万网的空间申请为例讲解如何申请网站空间。

步骤：01　输入中国万网网址 http://www.net.cn/，打开网页后选择页面上方导航条中的"主机服务"，打开网站空间申请的主页面，如图 14-9 所示。

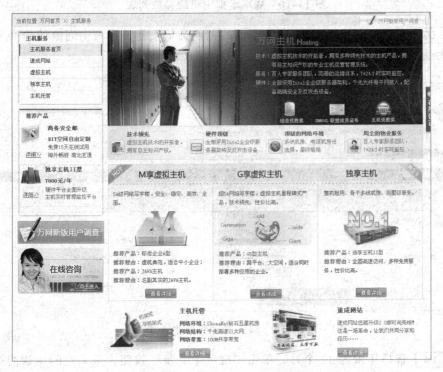

图 14-9　网站空间申请的主页面

步骤: 02 在首页中单击"虚拟主机"选项，进入虚拟主机申请的页面，万网按虚拟主机性能的不同，将虚拟主机分为 M 享主机、G 享主机、GX 主机及视频主机等类别，其中 M 享主机是面向一般中小型网站的空间类型。单击列表中的"M 享虚拟主机"，显示该类型主机的参数列表，如图 14-10 所示。

M享主机	标准企业A型	标准企业B型	标准企业C型	Asp.net型	Java型	超强企业型	专业企业型	专业个人型
操作系统	Win2003 / UNIX			Win2003	UNIX	Win2003 / UNIX		UNIX
基本属性								
空间及流量								
独立网页空间	150M	200M	350M	300M	1000M	1200M	600M	100M
额外增加网页空间	50元/年/10M							
独立日志文件空间	50M	100M	200M	200M	300M	500M	500M	—
流量限制	8G/月	20G/月	30G/月	30 G/月	30 G/月	100G/月	50G/月	5G/月
域名绑定								
英文域名个数	2	3	4	3	3	6	5	1
中文域名个数	2	3	4	3	3	6	5	1
绿色G邮箱	2G/2个帐号	3G/3个帐号	5G/5个帐号	5G/5个帐号	5G/5个帐号	20G/20个帐号	10G/10个帐号	1G/1个帐号
价格	780元	1150元	1800元	1600元	1980元	5800元	3200元	320元
购买	购买	购买	购买	购买	购买	购买	购买	购买
查看详细	查看详细	查看详细	查看详细	查看详细	查看详细	查看详细	查看详细	查看详细

图 14-10　M 享虚拟主机的参数列表

步骤: 03 单击"标准企业 A 型"下面的"购买"按钮，进入空间申请的第一步，如图 14-11 所示。

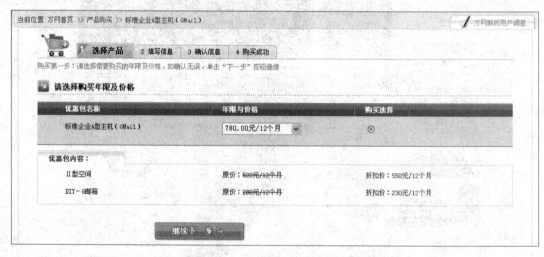

图 14-11　购买"标准企业 A 型"

步骤: 04 选择年限为 12 个月，单击"继续下一步"按钮，进入空间申请的第二步，如图 14-12 所示。

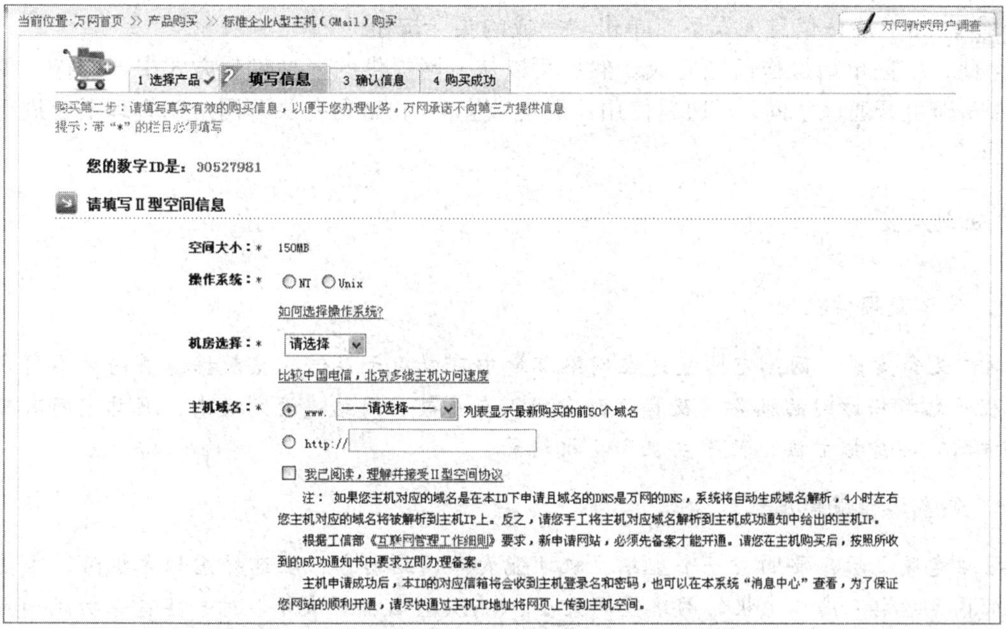

图 14-12 填写信息

步骤: 05 选择操作系统为"NT",机房选择为"北京多线",主机域名为前面申请的 www.ald99.com.cn。然后单击"继续下一步"按钮,进入空间申请的第三步,如图 14-13 所示。

图 14-13 确认信息

确认信息无误后，单击"完成购买"按钮。

至此，空间申请操作已经完成。然后可以从万网提供的多种付款方式中，选择一种进行付款，即可开通该空间。开通后使用注册的数字 ID 和密码登录万网空间管理平台进行管理操作。

知识点

1. 什么是网站空间

从广义角度讲，网站空间就是在网络环境中可以用于存储网站数据，并向网络用户提供远程网站数据访问的服务器及其存储空间。在一般的网站建设方案中，网站空间有三种选择方案，即虚拟主机、独享主机和主机托管。

2. 怎么选择虚拟主机？

网站建成之后，要购买一个虚拟主机才能发布网站内容，在选择虚拟主机时，主要应考虑的因素包括：虚拟主机的网络空间大小、MySQL 数据库大小、对一些特殊功能如数据库的支持，虚拟主机的稳定性和速度，虚拟主机服务商的专业水平等。

虚拟主机就是把一台运行在互联网上的服务器划分成多个"虚拟"的服务器，每一个虚拟主机都具有独立的域名和完整的 Internet 服务器（支持 WWW、FTP、E-mail 等）功能。一台服务器上的不同虚拟主机是各自独立的，并由用户自行管理，但一台服务器主机只能够支持一定数量的主机，当超过这个数量时，用户将会感到性能急剧下降。

因为当前虚拟主机的应用非常广泛，因此，现在一般将网站空间作为虚拟主机的代名词，也即狭义上的网站空间。

虚拟主机技术是互联网服务器采用的节省服务器硬件成本的技术，虚拟主机技术主要应用于 HTTP 服务，将一台服务器的某项或者全部服务器内容逻辑划分为多个服务单位，对外表现为多个服务器，从而充分利用服务器硬件资源。如果划分是系统级别的，则称为虚拟主机服务器。

独享主机是由空间运营商提供一台独立的 Internet 服务器，供一家客户独享，同时运营商也提供对服务器运行过程的监控、管理与维护，客户只关心其网站内容建设。独享主机既享受了独立服务器的高性能，又可以享受运营商的管理服务，是一种较昂贵但也更理想的建站方案。

主机托管是由客户自购服务器，并交给网络运营商代为管理的方案。客户只享受运营商的机房环境及网络接入服务，而服务器自身的运行管理与内容建设一般需要由客户自己承担。这种方案下，客户自购服务器需要花费一定费用，但也获得了服务器最大的灵活性。

用户可以根据自己网站的资金投入及网站访问量和数据量等因素进行方案选择。

1）IP 地址能否访问到

首先，如果虚拟主机网站将来面向的是国内用户的话，必须要考虑的问题就是这家虚拟主机上的 IP 地址在国内是否可以顺利访问到。

2）选择主机的重要指标

如果网站规模不大，也不准备投入太多，功能仅仅限于浏览，没有商务订单等功能，那么可以选择静态虚拟主机。目前国内提供这类服务的公司有很多，还有不少是免费的。但免费虚拟主机普遍不太稳定，随时有关闭的危险，出现损失服务公司一概不负责，所以建议选择正规公司。

3）虚拟主机有多少

通常一个虚拟主机能够架设上百至千个网站。如果一个虚拟主机的网站数量很多，它就应该拥有更多的 CPU、内存和使用服务器阵列，如果从虚拟主机分销商处购买虚拟主机的话，他们为了达到最高的盈利，在一个主机上架设了尽可能多的网站，而虚拟主机服务器却没有提示，造成网站的虚拟主机速度受阻。所以，最好的办法就是找一家有信誉的虚拟主机提供商，他们的每个虚拟主机服务器是有网站承载个数限制的。当然如果对网站有很高的速度和控制要求，最终的解决方案就是购买独立的服务器。

4）使用 vps 架设网站

虚拟主机上网站之间会相互抢占资源，如果预算允许的话，可以购买 vps 主机，它是虚拟主机的升级版，但它又不是一台完整的服务器，是一个适中的考虑。

虚拟主机技术是互联网服务器采用的节省服务器硬件成本的技术。虚拟主机技术主要应用于 HTTP 服务，将一台服务器的某项或者全部服务内容逻辑划分为多个服务单位，对外表现为多个服务器，从而充分利用服务器硬件。

3. 怎样选择网站空间

在选择网站空间和网站空间服务商时，主要考虑的因素包括：网站空间的大小，操作系统，对一些特殊功能如数据库的支持，网站空间的稳定性和速度，网站空间服务商的专业水平等。下面是一些通常需要考虑的内容：

（1）网站空间服务商的专业水平和服务质量。这是选择网站空间的第一要素，如果选择了质量比较低下的空间服务商，很可能会在网站运营中遇到各种问题，甚至经常出现网站无法正常访问的情况，或者遇到问题时很难得到及时的解决，这样都会严重影响网络营销工作的开展。

（2）虚拟主机的网络空间大小、操作系统、对一些特殊功能如数据库等是否支持。可根据网站程序所占用的空间，以及预计以后运营中所增加的空间来选择虚拟主机的空间大小，应该留有足够的余量，以免影响网站正常运行。一般来说虚拟主机空间越大价格也相应较高，因此需在一定范围内权衡，也没有必要购买过大的空间。虚拟主机可能有多种不同的配置，如操作系统和数据库配置等，需要根据自己网站的功能来进行选择，如果可能，最好在网站开发之前就先了解一下虚拟主机产品的情况，以免在网站开发之后找不到合适的虚拟主机提供商。

（3）网站空间的稳定性和速度等。这些因素都影响网站的正常运作，需要有一定的了解，如果可能，在正式购买之前，先了解同一台服务器上其他网站的运行情况。

（4）经营资格、机房线路和位置。现在提供网站空间服务的服务商很多，质量和服务也千差万别，价格同样有很大差异，一般来说，著名的大型服务商的虚拟主机产品价格要贵一些，而一些小型公司可能价格比较便宜，可根据网站的重要程度来决定选择哪种层次的虚拟主机提供商，选有《中华人民共和国增值电信业务经营许可证》的服务商更放心。

（5）虚拟主机上架设的网站数量。通常一个虚拟主机能够架设上百至千个网站。如果一个虚拟主机的网站数量很多，就应该拥有更多的 CPU 和内存，并且使用服务器阵列，否则会造成网站在虚拟主机上的访问速度受限。所以最好办法就是找寻一家有信誉的大虚拟主机提供商，他们的每个虚拟主机服务器有网站承载个数限制，以保证每个网站的性能。当然如果对有很高的速度和控制要求，最终的解决方案就是购买独立的自己的服务器。

（6）网站空间的价格。现在提供网站空间服务的服务商很多，质量和服务也千差万别，价格同样有很大的差异，一般来说，著名的大型服务商的虚拟主机产品价格要贵一些，而一些小型公司可能价格比较便宜，可根据网站的重要程度来决定选择哪种层次的虚拟主机提供商。选有《中华人民共和国增值电信业务经营许可证》的服务商更放心。

（7）网站空间出现问题后主机托管服务商的相应速度和处理速度。如果这个网站空间商有全国的 800 免费服务电话，空间质量就更能多几分信任。

3．发布网站到网站空间

网站开发完成后，必须发布到网站空间后才能被大众访问。一般网站空间均提供 FTP 地址及上传用户名和密码，可以使用 FTP 软件进行网站文件的发布。

Dreamweaver CC 也提供了连接 FTP 服务器，并发布网站的功能，操作如下。

步骤：01 在 Dreamweaver CC 界面中，打开菜单"站点"→"管理站点"，如图 14-14 所示。

步骤：02 从列表中选择当前站点的名称，单击"编辑"按钮。弹出站点定义对话框，然后打开"高级"选项卡，并从左边列表中选择"远程信息"，如图 14-15 所示。

步骤：03 在"访问"列表中选择"FTP"项，然后依次输入如下信息：

图 14-14　管理站点

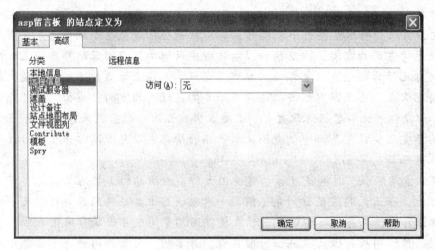

图 14-15　"高级"选项卡

（1）FTP 主机：输入远程站点的完整 FTP 主机名，注意不要带任何主机名外的任何其他文本，如"FTP://"等。

（2）主机目录：输入在远程站点上的主机目录，及 FTP 空间中存放网站文件的目录，如需要存放在 FTP 空间的根目录，则留空。

（3）登录：输入用于连接到 FTP 服务器的登录名。

（4）密码：输入用于连接到 FTP 服务器的密码。

（5）保存：选中后，可以将输入的密码保存在 Dreamweaver 中，以方便下次使用，否则每次连接到 FTP 服务器时都会提示输入密码。

（6）维护同步信息：选中后，Dreamweaver 将自动监测本地文件与 FTP 空间文件的更新信息，并对新旧文件的覆盖给出提示。一般建议勾选。

（7）保存时自动将文件上传到服务器：选中后，每次在本地保存文件，都会自动将更新后的本地文件上传到 FTP 空间，并覆盖 FTP 空间中的旧文件。

（8）启用存回和取出：选中后，将启用存回和取出系统，可以在多人同时编辑网站文件时，避免多人同时编辑同一文件而导致的数据丢失。完成后的界面如图 14-16 所示。

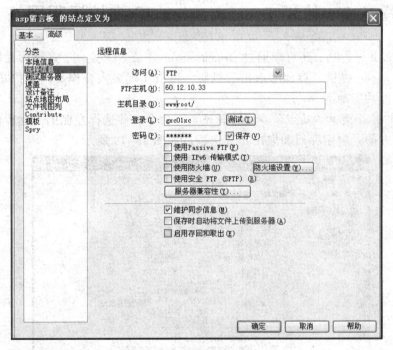

图 14-16　设置"远程信息"

> **提示**
>
> FTP 服务器的大部分信息在申请空间时服务器提供商会提供，其他选项可以询问服务器提供商是否需要填写。

步骤：04 单击"确定"按钮，保存设置。在"文件"面板中，选择站点的本地根文件夹，然后单击👆图标，Dreamweaver 会将所有文件上传到 FTP 空间指定的远程文件夹，如图 14-17 所示。

步骤：05 上传过程中将会显示如图 14-18 所示。进度条。等待上传完成后，即可使用前面申请的域名加网站内的文件名访问该网站了。

图 14-17　上传

图 14-18　上传过程

任务 3　使用 Dreamweaver CC 维护远程网站

在网站发布并运行后，还可以通过 Dreamweaver 登录 FTP 空间，进行远程修改和维护。同时，Dreamweaver 提供"存回和取出"机制，可以实现多人合作共同维护同一网站，而又不会引起文件共享冲突。

步骤：01　打开菜单"站点"→"管理站点"命令，并选择左侧的"远程信息"，然后选中右侧最下方的"启用存回和取出"复选框。如图 14-19 所示。

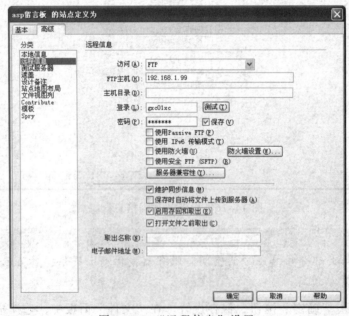

图 14-19　"远程信息"设置

步骤：02　选中"打开文件之前取出"复选框，并在下面的"取出名称"及"电子邮件地址"中输入当前网站维护人员的名称及邮件地址。完成后单击"确定"按钮即可启用存回和取出机制，如图 14-20 所示。

步骤：03　"文件"面板中，（取出）图标与（存回）图标变为可用。如果想要编辑文件"index.asp"，则选中该文件，并单击 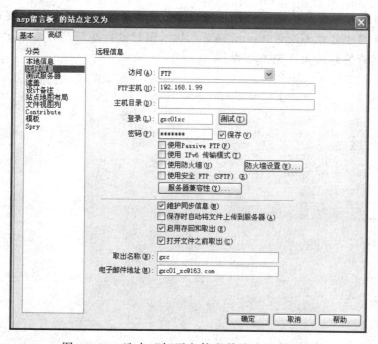（取出）图标，则当前编辑人员将独占该文件，其他编辑人员将不能同时编辑该文件。同时对应文件名后面将出现 标志，表示该文件已经取出，如图 14-21 所示。

图 14-20 选中"打开文件之前取出"复选框

步骤: 04 取回文件后，就可以对该文件进行编辑了。完成编辑后，应当再次选择该文件，并单击 （存回）图标，释放该文件，使其他人可以取回并编辑该文件。存回文件后的面板如图 14-22 所示。

图 14-21 取出文件

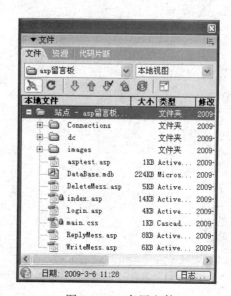

图 14-22 存回文件

小　结

　　一个网站的成功与否与建站前的网站规划有着极为重要的关系。网站建设完成后，要发布到网络服务器才能被大众访问。网站正式投入运行进行后，其日常维护也是非常重要的工作，将伴随着网站的生存期而存在。

参 考 文 献

[1] 杨丽芳，曹玉婵. 网站建设案例教程[M]. 北京：科学出版社，2012.

[2] 陈承欢. 网页设计与制作任务驱动式教程[M]. 3 版. 北京：高等教育出版社，2017.

[3] 传智播客高教产品研发部. 网页制作案例教程[M]. 北京：人民邮电出版社，2018.

[4] 聂斌，张明遥. 网页设计与布局[M]. 北京：人民邮电出版社，2018.